高等职业教育畜牧兽医类专业教材

现代养猪生产技术

主编　易宗容　文　平　李成贤

U0219871

中国轻工业出版社

图书在版编目（CIP）数据

现代养猪生产技术/易宗容，文平，李成贤主编．—北京：中国轻工业出版社，2024.1

ISBN 978-7-5184-3206-6

Ⅰ.①现… Ⅱ.①易…②文…③李… Ⅲ.①养猪学—高等职业教育—教材 Ⅳ.①S828

中国版本图书馆 CIP 数据核字（2020）第 186652 号

责任编辑：贾 磊　责任终审：李建华　封面设计：锋尚设计
版式设计：王超男　责任校对：晋 洁　责任监印：张 可

出版发行：中国轻工业出版社（北京鲁谷大街 5 号，邮编：100040）
印　　刷：三河市国英印务有限公司
经　　销：各地新华书店
版　　次：2024 年 1 月第 1 版第 2 次印刷
开　　本：720×1000　1/16　印张：14.25
字　　数：330 千字
书　　号：ISBN 978-7-5184-3206-6　定价：38.00 元
邮购电话：010-85119873
发行电话：010-85119832　010-85119912
网　　址：http://www.chlip.com.cn
Email：club@chlip.com.cn
如发现图书残缺请与我社邮购联系调换
232095J2C102ZBW

本书编写人员

主　编

易宗容（宜宾职业技术学院）

文　平（宜宾职业技术学院）

李成贤（宜宾职业技术学院）

副主编

曹洪志（宜宾职业技术学院）

段俊红（铜仁职业技术学院）

郭丹丹（长治职业技术学院）

贾建英（临汾职业技术学院）

参　编

朱银刚（四川省北川羌族自治县农业农村局）

罗星颖（宜宾职业技术学院）

李帅东（宜宾职业技术学院）

李雪梅（宜宾职业技术学院）

冯堂超（宜宾市农业农村局）

杨仕群（宜宾职业技术学院）

阳　刚（宜宾职业技术学院）

于　川（宜宾职业技术学院）

许思遥（宜宾职业技术学院）

孙佳静（宜宾职业技术学院）

黄荣焱（宜宾职业技术学院）

李　浪（宜宾职业技术学院）

刘小琬（宜宾职业技术学院）

前　言

　　《现代养猪生产技术》是宜宾职业技术学院畜牧兽医专业"1+2"现代学徒制畜牧兽医专业的专业课程配套特色教材，也是高职高专院校畜牧兽医类专业的一门核心课程配套教材。现代学徒制是一种学校和企业实现在先进技术积累、人才培养过程、生产实训基地、师生员工身份的"四面融合"教学模式，本教材重点针对探索这种教学模式而编写。

　　本教材围绕养猪企业工作岗位职业能力要求、结合生产岗位典型工作任务，以岗位工作过程设置教学内容，突出职业能力的培养。全书由6个项目和12个实训构成，具体内容包括后备种猪舍管理、公猪舍管理、配怀舍管理、分娩舍管理、保育舍管理、育肥舍管理。本教材选取的内容保证实用、适用和够用。

　　本教材由易宗容、文平、李成贤任主编，曹洪志、段俊红、郭丹丹、贾建英任副主编。具体编写分工：项目一由宜宾职业技术学院罗星颖、于川、黄荣焱、许思遥编写；项目二由宜宾职业技术学院文平、易宗容、杨仕群、阳刚编写；项目三由临汾职业技术学院贾建英、长治职业技术学院郭丹丹编写；项目四由宜宾职业技术学院曹洪志、李成贤、李帅东和宜宾市农业农村局冯堂超编写；项目五由四川省北川羌族自治县农业农村局朱银刚、宜宾职业技术学院易宗容编写；项目六由铜仁职业技术学院段俊红、长治职业技术学院郭丹丹、宜宾职业技术学院李雪梅编写；附录由宜宾职业技术学院李浪、刘小琬、孙佳静整理。全书由宜宾职业技术学院易宗容、李成贤统稿。

　　本教材可作为高等职业院校畜牧兽医类专业学生教材，也可供普通高等院校和中等职业院校畜牧兽医专业师生、基层畜牧人员、养猪企业技术人员参考，以及作为新型职业农民培训教材。

由于编者知识水平有限，加之编写时间仓促，不妥之处在所难免，恳请读者批评指正。

编者

2020 年 9 月

目　录

项目一　后备种猪舍管理

1. 隔离驯化——对后备种猪舍设计和管理影响最大的是种猪场的防疫要求。
2. 为了提高后备猪利用率，保障后备种猪生产效率，还需要加强设施管理。

饲养目标

后备种猪舍的合理设计和管理是现代化猪场成功的关键。各个生产体系在开始一个新项目或对原有项目进行改造时，应结合疫病防控、育种、生产管理等多方面因素制定详尽的后备种猪管理流程，以指导后备种猪舍的设计和后续管理。

必备知识

后备种猪是指育仔阶段结束初步留作种用到初次配种前的青年公、母猪。后备种猪的数量和质量是关系种猪场扩大再生产的关键，选育和管理工作的好坏直接影响种猪场的经济效益和发展，其目的是获得发育良好、体格健壮、具有品种典型特征和高度种用价值的种猪。

一、后备种猪的筛选

后备母猪，是指育仔阶段结束初步留作种用到初次配种前的青年母猪。养猪生产中，需不断更新母猪，即在淘汰年老体弱、发情迟缓、泌乳能力差及有繁殖障碍母猪的同时，及时挑选优质良种后备母猪补充生产。在养猪实践中，挑选后备母猪技术性很强，贯穿其生长发育全过程，要依据其父母、同胞和自身的各种综合性能及表现进行全面考察。

（一）选种时间

后备母猪的选择大多是分阶段进行的。

2 月龄选择：2 月龄选择是窝选，就是在双亲性能优良、窝产仔猪数多、哺育率高、断乳体重大而均匀、同窝仔猪无遗传疾患的一窝仔猪中选择。2 月龄选择时由于猪的体重小，容易发生选择错误，所以选留数目较多，一般为需要量的 2~3 倍。

4 月龄选择：主要是淘汰那些生长发育不良、体质差、体形外貌及外生殖器有缺陷的个体。这一阶段淘汰的比例较小。

6 月龄选择：根据 6 月龄时后备母猪自身的生长发育状况，以及同胞的生长和发育及胴体性状的测定成绩进行选择，淘汰那些本身发育差、体形外貌差的个体以及同胞测定成绩差的个体。

初配时的选择：这是后备母猪的最后一次选择，淘汰那些发情周期不规律、发情征候不明显以及长期不发情的个体。

（二）系谱选择

选母系后备母猪必须来自产仔数多、哺育率高、断奶窝重较高的良种经产母猪，以选留 2~5 胎母猪的后代为宜。后备母猪的父母本应具备生产能力强、生长速度快、抗逆性好、饲料利用率高等优点。

（三）同胞选择

选同胞同窝仔猪发育好、整齐度高、个体差异小，同胞中无疝气、隐睾、瞎乳、脱肛等遗传缺陷者。

（四）优质后备母猪生产性能标准

外形（毛色、头形、耳形、体形等）符合本品种的标准，且生长发育好，皮毛光亮，背部宽长，后躯大，体形丰满，四肢结实有力，并具备端正的肢蹄，腿不宜过直；有效乳头应在 7 对以上（瘦肉型猪种 6 对以上），排列整齐，间距适中，分布均匀，无遗传缺陷，无瞎乳和副乳头；生殖器发育良好，阴户发育较大且下垂、形状正常；出生体重在 1.5kg 以上，28 日龄断奶体重达 8kg，70 日龄体重达 30kg，且膘体适中，不过肥也不太瘦。繁殖性能是后备母猪非常重要的性状，后备母猪除应选自产仔数多、哺育率高、断乳体重大的高产母猪的后代外，同时应具有良好的外生殖器官，如阴户发育较好，配种前有正常的发情周期，而且发情征候明显。在初配前再进行一次筛选，繁殖器官发育不理想、发情周期不规律、发情现象不明显的母猪应及时予以淘汰。

（五）后备母猪选择的其他标准

1. 生长情况

选择同窝猪中生长速度快的猪只。

生长速度快的母猪可以拥有较长的使用年限。

生长速度慢的母猪可能出现发情延迟的现象，并且在以后的饲养过程中问题较多。

2. 背膘

背膘厚度对于后备母猪的选择是一个非常重要的指标。背膘厚度的测量采取三点平均值法，即测定部位为背膘厚度肩胛后沿、最后肋处、腰荐接合处距背正中线4cm处。使用专业背膘仪对母猪背膘厚度测定可提高其利用价值。

特定猪场的推荐背膘厚度会根据遗传、环境和终端市场的需求而改变。

（六）理想母猪具备的条件

（1）理想的母猪拥有丰满的臀部。

（2）很容易站立和卧下。

（3）走动时非常流畅，在对关节的持续压迫下不容易出现关节炎和关节僵硬的症状。

（4）在繁殖母猪群中很可能保留比较长的周期。

二、后备种猪的饲养管理

为了使养猪生产持续地保持较高的生成水平，每年必须选留和培育出占种猪群25%~30%的后备公母猪来补充、替代面老体弱、繁殖性能降低的种公母猪。只有使种猪群保持以青壮年种猪为主体的结构，才能保持并逐年提高养猪生产水平和经济效益。可见，选择和培育好后备公母猪既是养猪生产的基础，又是提高生产性能的保证。

若规模养猪生产中出现后备猪初配前过肥、不出现正常发情或者公猪性欲不强、后备母猪初配屡配不上、初产出现难产、公猪精液量少、品质差等问题，通常要做好以下几个方面的工作：使后备猪充分达到性成熟，以达到高繁殖率，提高种猪的使用率；充分体成熟，使后备猪的骨骼和肌肉都得到充分的发育，为繁殖做好充分的准备；防止蹄、腿的损伤，降低种猪的淘汰率；增加产仔数，提高种猪的经济效益；增强母性，为提高产后母猪泌乳量奠定基础；保证后备母猪使用前合格率在90%以上，后备公猪使用前合格率80%以上。

（一）猪的生长变化

猪的生长发育虽然是一个很复杂的过程，但有一定的规律。生长是指猪从胚胎到成年，其骨骼肌肉、脂肪和各个器官都在不断增长，体重不断增加，体积不断增大，体躯向长、宽、高发展的量的变化。发育是指猪体组织、器官和功能不断成熟和完善，使组织器官发生了质的变化。生长和发育是相辅相成、相互统一的。后备猪与商品肉猪不同，商品肉猪生长期短，生后 5~6 月龄，体重达到 90~110kg 即屠宰上市，饲养的目的是使猪快速生长和具备发达的肌肉组织。而后备猪培育的目的是要获得优良的种猪，种猪担负着周期性很强的、几乎没有间歇的繁殖任务，因此生存期要长（4~5 岁）。我们要根据猪生长发育规律，在其生长发育的不同阶段，控制后备猪的饲料类型、营养水平和饲喂量，使后备猪具有发育良好、健壮的体格，发达而功能完善的消化、血液循环和生殖器官，结实的骨骼，以及适度的肌肉组织和脂肪组织。严格控制后备猪出现过高的日增重、过度发达的肌肉和大量的脂肪，否则都会严重影响其繁殖性能。

1. 体重的增长

体重是身体各部位及组织生长的综合度量指标。体重的增长因品种类型而异。在正常的饲养管理条件下，猪体重的绝对增长随年龄的增加而增大，呈现慢—快—慢的生长趋势，而相对增长速度则随年龄增长而下降，到成年时稳定在一定的水平，老年时多会出现肥胖的个体。如长白猪和荣昌猪体重增长变化如表 1-1 和表 1-2 所示。

表 1-1　长白猪的体重增长情况

	月龄	出生	1	2	3	4	5	6	7	8	9	10	11	12	13	14	成年猪
公猪	体重/kg	1.5	10	22	39	57	80	100	120	140	155	170	185	200	210	220	350
	平均日增重/g	283	400	576	600	767	600	667	667	500	500	500	500	333	333	300	—
	生长强度/%	100	567	120	77	46	40	25	20	17	11	10	9	8	5	5	6
母猪	体重/kg	1.5	9	20	37	55	75	95	113	130	145	160	175	190	—	—	300
	平均日增重/g	250	367	567	600	667	667	600	567	500	500	500	500	306	—	—	—
	生长强度/%	100	500	122	85	49	36	27	20	15	12	10	9	9	—	—	6

表 1-2 荣昌猪的体重增长情况

	月龄	出生	2	4	6	8	10	12	18	24	26
公猪	体重/kg	0.83	9.69	23.50	41.60	56.90	64.17	81.51	103.00	116.00	158.00
	平均日增重/g	148	230	302	255	121	289	120	72	117	—
	生长强度/%	100	1068	143	77	37	13	27	9	4	6.0
母猪	体重/kg	0.83	9.69	25.85	43.84	60.18	81.82	82.30	107.10	115.10	144.20
	平均日增重/g	148	296	300	272	361	80	131	45	81	—
	生长强度/%	100	1068	167	70	37	36	1	1	3	4.2

2. 猪体组织的生长

猪体骨骼、肌肉、脂肪的生长顺序和发育强度是不平衡的，随着年龄的增长，顺序有先后，强度有大小，呈现出一定的规律性，在不同的时期和不同的阶段各有侧重。从骨骼、肌肉、脂肪的发育过程来看，骨骼最先发育，最先停止；肌肉居中；脂肪前期沉积很少，后期逐渐加快，直至成年。三种组织发育高峰期出现的时间、发育持续期出现的时间及发育持续期长短与品种类型和营养水平有关。在正常的饲养管理条件下，早熟易肥的品种生长发育期较短，特别是脂肪沉积高峰期出现得较早；而瘦肉型猪生长发育期较长，大量沉积脂肪期出现较晚，肌肉生长强度大且持续时间长。如瘦肉型猪在生长发育过程中肌肉所占的比例较大；脂肪所占比例前期很低，6 月龄开始增加，8~9 月龄开始大幅度增加；骨骼从出生到 4 月龄相对生长速度最快，以后较稳定。

（二）后备种猪的饲养

1. 后备种猪的分阶段饲喂方式

（1）生长前期的饲养管理（30~60kg） 采用生长育肥期饲料，自由采食。

（2）生长后期的饲养管理（60~90kg） 采用后备公母猪专用饲料，自由采食，要求日龄达 145~150d 时，体重达 95~100kg，背膘厚度为 12~14mm。

（3）90kg 至配种前的饲养管理 饲喂后备公母猪料，根据膘情适当限制或增加饲喂量。

（4）配种前 10~14d 后备母猪达到初情并准备配种时，可以使用催情补饲的方法来增加卵巢的排卵数量，从而增加约 1 头窝产仔数。具体方法：后备母猪在配种前 10~14d 开始自由采食，采取短期优势，适当增加采食量，达到增加排卵数和提高窝产仔数的目的。不过使用催情补饲在后备母猪配种当天开始，必须立即把采食量降下来，否则在怀孕前期过量饲喂会导致胚胎死亡率上升，减少窝仔数。

2. 后备种猪的分阶段饲喂技术

（1）饲喂全价日粮 采用全价日粮饲喂，按照后备猪不同的生长发育阶段配合饲料。注意能量和蛋白质的比例，特别是矿物质、维生素和必需氨基酸的补充。后备猪一般采取前高后低的营养水平。配合饲料的原料要多样化，至少要有 5 种以上，而且原料的种类尽可能稳定不变，既可保持营养全面，保持体内酸碱平衡，又防止引起食欲不振或消化器官疾病。

（2）限制饲养 后备猪必须采用限制饲养的饲养方式，生产中可以实行限量和限质相结合进行饲喂，育成阶段饲料的饲养水平最好适当控制；日喂量占其体重的 2.5%～3.0%，体重达到 80kg 以后日喂量占体重的 2.0%～2.5%。适宜的营养水平和饲喂量既可保证后备猪良好的生长发育，又可控制体重的高速增长，保证各器官的充分发育。

如我国培育的瘦肉型新品种三江白猪，按照我国瘦肉型猪的饲养标准饲养，后备猪的体重增长如表 1-3 所示。相对生长率的计算如式（1-1）所示。

$$相对生长率（\%）= \frac{BW_t - BW_0}{\dfrac{BW_t + BW_0}{2}} \times 100 \tag{1-1}$$

式中 BW_0——某阶段开始体重，kg

BW_t——某阶段结束体重，kg

表 1-3 三江白猪体重的增长情况

性别	项目	初生	35 日龄	120 日龄	180 日龄	240 日龄	出生至 240 日龄 增重
公猪	头数	13	13	13	13	13	
	体重/kg	1.26±0.058	8.65±0.308	46.63±1.35	90.68±1.834	111.51±2.374	110.25
	相对生长率/%	—	149.1	137.4	64.2	20.6	195.5
母猪	头数	68	68	68	68	68	
	体重/kg	1.25±0.026	7.77±0.187	45.00±0.829	45.00±0.829	107.51±0.878	106.26
	相对生长率/%	—	144.6	141.1	59.6	25.5	195.4

注：我国瘦肉型猪后备猪的饲养标准，每 1kg 饲粮中含有可消化能 12.13～12.55MJ、粗蛋白质 6%～13%。

为了促进后备猪的生长发育，有条件的种猪场可搭配饲喂些优质的青绿饲料。

（3）推荐饲养方案（供参考）

① 21～23 周龄：日粮饲喂量每天每头 1.8～2.5kg，体重控制在 70～80kg。

② 25~26 周龄：日粮饲喂量每天每头 2.2~2.5kg，体重控制在 90~100kg。

③ 28~30 周龄：日粮饲喂量每天每头 2.5kg，体重控制在 110~120kg。

④ 配种前 10~14d，其饲喂量应增加到每天每头 3~3.5kg（可以促进后备种母猪发情排卵）。

（三）后备猪的管理

1. 分群管理

为使后备猪生长发育均匀整齐，饲养密度适当，可按性别、体重大小分成小群饲养，每圈可饲养 4~8 头。饲养密度过高影响生长发育，出现咬尾咬耳恶癖。小群饲养有两种饲喂方式，一种是小群合圈饲喂（可自由采食，可限量饲喂），这种喂法优点是猪只争抢吃食快，缺点是强弱吃食不均，容易出现弱小猪；另一种是单栏饲喂，小群运动，优点是吃食均匀，生长发育整齐，但栏杆食槽设备投资大。

2. 运动

为了促进后备猪筋骨发达、体质健康、猪体发育匀称均衡，特别是四肢灵活坚实，就要保证猪只适度的运动。伴随四肢运动，全身有 75% 的肌肉和器官同时参加运动。尤其是放牧运动，可使猪呼吸新鲜空气和接受日光浴，拱食鲜土和青绿饲料，对生长发育和增强抗病能力有良好的作用，因此，国外有些国家又开始提倡放牧运动和自由运动。

3. 调教

后备猪从小要加强调教管理。首先，建立人与猪的和睦关系，从幼猪阶段开始，利用称量体重、喂食之便进行口令和触摸等亲和训练，严禁鞭打、追赶、打骂猪只，这样猪只愿意接近人，便于将来采精、配种、接产、哺乳等操作管理。怕人的公猪性欲差，不易采精，母猪常出现流产和难产现象。其次是要训练良好的生活规律，规律性的生活使猪感到自在舒服，有利于生长发育。再次，是对耳根、腹侧和乳房等敏感部位触摸训练，这样既便于以后的管理、疫苗注射，还可促进乳房的发育。

4. 定期称量

后备猪最好按月龄进行个体称量，任何品种的猪都有一定的生长发育规律，换言之，不同的月龄都有相对应的体重范围。通过后备猪各月龄体重变化可比较生长发育的优劣，适时调整饲料的饲养水平和饲喂量，以使其达到品种发育要求。

5. 日常管理

应注意防寒保温、防暑降温、清洁卫生等。另外。后备公猪要比后备母猪难养，达到性成熟以后，会烦躁不安，经常会互相爬跨，不好好吃食，生长迟缓，特别是性成熟早的品种更突出。为了克服这种现象，应在后备公猪达到性成熟后，实行单圈饲养，合群运动。

6. 后备猪的利用

后备猪生长发育到一定月龄和体重，便有了性行为表现，称为性成熟，达到性成熟的公猪和母猪即具有繁殖能力，如果配种能产生后代。后备猪达到性成熟的月龄和体重，随种类型、饲养管理水平和气候条件等而不同。我国地方品种特别是南方地方品种的猪性成熟早，培育品种和国外引进良种猪的性成熟晚；后备公猪比后备母猪性成熟早；营养水平高、气候温暖地区的猪性成熟早，相反则较晚。

后备猪达到性成熟时虽然具有繁殖能力，但身体各组织器官还处在进一步的生长发育中，各种功能还需要进一步完善。如果过早配种利用，不仅影响第一胎的繁殖成绩，还将影响身体的生长发育，常会降低成年体重和终生的繁殖力。现通过表1-4所列后备母猪生殖器官的发育状况，来说明适宜的配种月龄和体重。

从表1-4可以看出，青年母猪达到性成熟时，其生殖器官仍处于生长发育时期。卵巢和子宫的重量仅有经产母猪的1/3左右，由于卵巢小，没有发育完善，排卵数少；子宫小，限制胚胎的着床和胎儿的生长发育。所以，过早配种会出现产仔头数少，仔猪初生体重小。另外，刚达到性成熟的青年母猪乳腺发育不完善，泌乳量少，造成仔猪成活率低、断奶时体重小等问题，进而可能影响成年后母猪的繁殖能力。

表 1-4　母猪生殖器官的发育

器官发育	第一次发情时	开始使用时	经产母猪
卵巢质量/g	3.8	5.0	9.5
输卵管长/cm	23	25	30
子宫质量/g	150	240	450
阴道质量/g	35	45	65

后备猪配种过晚也不好，配种过晚会加大后备种猪的培育费用，造成经济损失。后备猪如不适时繁殖利用，体内会沉积大量脂肪，身躯肥胖，体内及生殖器官周围蓄积脂肪过多，会造成内分泌失调等一系列繁殖障碍。

后备公猪，地方早熟品种生后6~7月龄，体重60~70kg开始使用；晚熟的培育品种生后8~10月龄，体重110~130kg时开始配种使用。后备母猪，早熟的地方品种生后6~8月龄，体重50~60kg配种较合适；晚熟的大型品种及其杂种生后8~9月龄，体重100~120kg配种为好。如果后备猪饲养管理条件较差，虽然达到配种月龄但体重较小，最好适当推迟配种开始时期。如果饲养管理较好，虽然体重接近配种开始体重，但月龄尚小，最好提前通过调整饲料营养水平和饲喂量来控制增重，使各器官和机能得到充分发育。最好是使繁殖年龄和体重同时达到适合的要求标准。

7. 操作规程

（1）按进猪日龄，分批次做好免疫计划、限饲优饲计划、驱虫计划并予以实施。后备母猪配种前驱体内外寄生虫一次，进行乙脑、细小病毒、猪瘟、口蹄疫等疫苗的注射。

（2）日喂料两次。限饲优饲计划：母猪 6 月龄以前自由采食，7 月龄适当限制，配种使用前 1 个月或半个月优饲。喂料量限饲时控制在 2kg 以下，优饲时在 2.5kg 以上或自由采食。

（3）做好后备猪发情记录，并将该记录移交配种舍人员。母猪发情记录从 6 月龄时开始。仔细观察初次发情期，以便在第二次、第三次发情时及时配种，并做好记录。

（4）后备公猪单栏饲养，圈舍不够时可 2~3 头一栏，配前 1 个月单栏饲养。后备母猪小群饲养，4~8 头一栏。

（5）引入后备猪第 1 周，饲料中适当添加一些抗应激药物如维力康、维生素 C、多维、矿物质添加剂等。同时饲料中适当添加一些抗生素药物如呼诺芬、呼肠舒、泰灭净、多西环素、利高霉素等。

（6）外引猪的有效隔离期约 6 周左右（40d），即引入后备猪至少在隔离舍饲养 40d。若能周转开，最好饲养到配种前 1 个月，即母猪 7 月龄、公猪 8 月龄。转入生产线前最好与本场老母猪或老公猪混养 2 周以上。

（7）后备猪每天每头喂料 2.0~2.5kg，根据不同体况、配种计划增减喂料量。后备母猪在第一个发情期开始，要安排喂催情料，比规定料量多 1/3，配种后料量减到 1.8~2.2kg。

（8）进入配种区的后备母猪每天放到运动场 1~2h，并用公猪试情检查。

（9）不发情的可采取调圈、公母猪接触、接触发情母猪、适当运动、限饲与优饲、应用激素等刺激后备母猪发情。

（10）凡进入配种区后超过 60d 不发情的小母猪应淘汰。

（11）对患有气喘病、胃肠炎、肢蹄病等疾病的后备母猪，应隔离单栏饲养，此栏应位于猪舍的最后。观察治疗两个疗程仍未见有好转的，应及时淘汰。

（12）后备母猪在配种前转入配种舍 引入品种后备母猪的初配月龄须达到 7~8 月龄，体重要达到 110kg 以上。公猪初配月龄须达到 8~10 月龄，体重要达到 130kg 以上。

注意

瘦肉型后备母猪如果自己选留，要求在 60kg 后备母猪圈内饲养。如果外购后备母猪，体重要求小于 60kg，如果购买得太晚，母猪体重太大，对繁殖不利。也可能到猪场后没有足够的时间适应，造成繁殖失败。

60kg 以后进入后备母猪培育阶段，每天生长速度保持在 500~600g 即可，适当控制后备母猪的饲料量，建议每天饲喂 2 次，最好饲喂湿料，采用后备母猪配合饲料有利于培育出繁殖力高、健壮的后备母猪。

当后备母猪达到 7 月龄，体重达到 110kg 以后，注意观察母猪的初情期。要求在第二个发情期配种。配种前可增加饲料量，促进多排卵，多产仔。

从外面购买后备母猪，一定要从防疫好、健康水平高的猪场购买。新买来的后备母猪应当隔离饲养一段时间（一般 4~6 周），不能立即与本猪场猪混群，以免暴发传染病。在隔离观察期间，做好各种疫苗接种，注意观察后备母猪的健康状况。如果一切正常，就要开始接触本场猪群，让后备母猪适应本场的微生物环境，增加抵抗力。这种接触应当循序渐进，可让后备母猪接触本场健康老母猪，增加接触本场老母猪可让后备母猪产生强有力的免疫力，保证繁殖成功。

管理上应当增加后备母猪的活动面积，保持圈舍卫生，训练后备母猪具备良好的卫生习惯，做好必要的免疫和驱虫。

三、后备种猪舍的工作要点

（一）日工作规程

（1）巡栏　安静地进入舍内，查看猪群整体情况和检查异常情况及对人和猪潜在的安全隐患。

（2）清理粪便，排出栏内的粪污，打扫料槽和过道。

（3）饲喂后备种猪：调料、喂水。

（4）猪只健康检查，按病猪确认程序记录所有病猪和伤猪，对需要处理的猪只进行标记，决定是治疗还是淘汰。

（5）检查风扇和房间加热器的运作情况。利用环境控制器的适当功能来检查加热和通风系统，使其达到预定的温度和湿度及通风率。

（6）记录 24h 内的最高温度和最低温度、舍内必须悬挂高低温度计。

（7）诱情，做好发情记录。

（二）周工作规程

（1）对新引进的后备种猪进行隔离区健康观察记录、生产报表等记录。

（2）更换消毒盆池液，更换鼠药和蚊虫药物，设备检查维修（如破损的漏缝地板、水管漏水、破损的饲料槽和毁坏的圈栏等）。

（3）对引进的后备母猪或丢失耳牌的种猪补打耳牌。

（4）免疫及监测　免疫程序完成后采血检测相关抗体，根据检测结果准备配种工作，确认合格后再进行配种。

（5）淘汰不符合种用条件的后备种猪。

（6）背膘测定　按集团标准对后备猪只测定背膘并记录。

（7）猪只转限位栏　后备母猪第二次发情后转入配怀舍限位栏，根据背膘调整饲喂。

（8）核对后备母猪报表，统计所需数据。

（9）猪只全部转出后按照公司标准程序严格执行清洗消毒工作。

（10）整理储存间，丢弃废物。

（11）检查物资库存，按需要订购。

实操训练

实训　猪的品种识别

（一）实训目的

通过观看幻灯片或视频，结合讲授内容进行对照、归纳和总结，掌握现代养殖中代表性猪种的品种特征和生产性能特点，能够辨认常见猪种，并能够根据实际生产需要和市场趋向选择合适猪种。

（二）实训材料

多媒体教室、各种常见猪种的彩色幻灯片，有关猪品种的光盘或常见品种的视频。

（三）实训步骤

（1）在实验室集体观看我国饲养的主要地方品种、培育品种和引入品种猪的幻灯片，并通过实验教师的讲解，学生对各主要品种猪的外貌特征和生产性能达到初步的直观了解和掌握。

（2）组织安排学生到畜牧场实地观察不同品种的种猪外貌特征，对不同品种的种猪外貌进行识别。

（四）实训作业

根据观看的图片、幻灯片或录像，简述所鉴定主要品种猪的外貌特征及外形特点、对应所属经济类型，从猪的品种、外貌特征、生产性能等方面归纳总结写出实训报告。

拓展知识

知识点　后备种猪品种介绍

（一）中国瘦肉猪新品系

中国瘦肉猪新品系有 4 个父系、5 个母系。父本新品系主要是对引进猪种（大白猪、杜洛克、长白猪）在我国现有条件（气候、饲养、管理等）下进行了大群继代选育，注意保持这些猪种在生长速度、瘦肉率等性状方面的优点，同时在肢蹄健壮性、抗应激能力、繁殖性能等方面进行了选择。选育后的父本新品系胴体瘦肉率有了明显提高，由 60.6% 提高到 64.24%，90kg 体重日龄均由出生后 175d 缩短为 160d 以内，每 1kg 增重耗料由 3.0kg 下降为 2.8kg。母本新品系，主要是利用我国地方良种的产仔数多、肉质好等特性。

（二）荣昌猪瘦肉型品系

荣昌猪瘦肉型品系是在原荣昌猪选育基础上，适当导入长白猪血统，猪群闭锁，继代选育，在保持原荣昌猪的毛色、肉质优良特性的基础上，重点提高瘦肉率，适当提高饲料报酬和生长速度。该品系全身皮毛白色，头部有黑斑（为原荣昌猪毛色特征），嘴筒直、中等长，耳中等大、稍下垂，头大小适中，背腰平直，后躯丰满，四肢较高而结实，有效乳头 6 对以上。繁殖性能与荣昌猪相似，经产仔数 12.74 头，断奶窝重 128kg，达 90kg 体重日龄为 180.7d，20~90kg 阶段日增重 0.635kg。

（三）冀合白猪

冀合白猪包括两个专门化母系和 1 个专门化父系。母系 A 由大白猪、定县猪、深县猪 3 个品系杂交而成，母系 B 由长白猪、汉沽黑猪和太湖猪、二花脸 3 个品系杂交而成。父系 C 则是由 4 个来源的美系汉普夏猪经继代单系选育而成。冀合白猪采取三系配套、两级杂交方式进行商品肉猪生产。商品猪全部为白色。其特点是母猪产仔多，商品猪一致性强、瘦肉率高、生长速度快。

（四）长白猪

长白猪原产于丹麦，原名兰德瑞斯猪。由于其体躯长，毛色全白，故在我国通称为长白猪。1964年，我国首次由瑞典引入，经过多年驯化，体型由清秀趋向于疏松，体质由纤弱趋向于粗壮，蹄质较坚实。长白猪具有生长速度快、饲料利用率高、瘦肉率高等特点，而且母猪产仔数较多、奶水较足、断奶窝重较高，经选育后适应性能有所提高。该猪种遍及我国各地，其作为一个重要父本品种在我国猪种的杂交改良工作中发挥着重大作用。

（五）大白猪

大白猪又称大约克夏猪，原产英国北部的约克郡及其临近的地区。由于大白猪繁殖能力强、饲料转化率和屠宰率高，世界各地曾先后引入并用来杂交改良当地猪种，都取得了较好的效果。现在许多品种或多或少都含有其血缘。例如，苏联大白猪就是从英国引进并经过几十年的驯化选育而成的，被列为苏联国家品种。又如长白猪，是丹麦从英国引进并与当地土种白猪进行杂交改良、选育成的当代世界最优秀的瘦肉型猪种。约克夏猪有大、中、小三种类型，现在以大约克夏猪较为普遍。在英国及加拿大等国饲养较多。小型约克夏猪几乎绝迹。中型约克夏猪在我国华东、华中地区饲养较多。我国工厂化猪场多饲养大约克夏猪。大白猪是瘦肉型猪的代表品种。体大，毛色全白，头长，颜面宽而呈中等凹陷，耳薄而大并向前直立，体躯长，胸深广，肋骨张，背平直稍呈弓形，腹充实而紧，后躯宽长，但后腿欠结实。

（六）湖北白猪

湖北白猪原产于湖北，主要分布于华中地区。湖北白猪被毛全白，头稍轻、直长，两耳前倾或稍下垂，背腰平直，中躯较长，腹小，腿臀丰满，肢蹄结实，有效乳头12个以上。成年公猪体重250~300kg，母猪体重200~250kg。该品种具有瘦肉率高、肉质好、生长发育快，繁殖性能优良等特点。6月龄公猪体重达90kg；25~90kg阶段平均日增重0.6~0.65kg，料肉比3.5∶1以下，达90kg体重为180日龄，产仔数初产母猪为9.5~10.5头，经产母猪12头以上，以湖北白猪为母本与杜洛克和汉普夏猪杂交均有较好的配合力，特别与杜洛克猪杂交效果明显。"杜×湖"杂交种一代肥育猪20~90kg体重阶段的日增重为0.65~0.75kg，杂交种优势率10%，料肉比（3.1~3.3）∶1，胴体瘦肉率62%以上，是开展杂交利用的优良母本。

（七）浙江中白猪

浙江中白猪背毛全白，体型中等，头颈较好，面部平直或微凹，耳中等大呈前倾或稍下垂，背腰较长，腹线较平直，腿臀肌肉丰满，乳头 14 个以上。成年公猪体重 200kg，母猪体重 150~180kg。该猪种属瘦肉型品种，具有体质健壮、繁殖力较强、杂交利用效果显著和对高温、高湿气候条件有较好的适应能力等优良特性，是生产商品瘦肉猪的良好母本。产仔数初产母猪 9 头，经产母猪 12 头。190 日龄体重达 90kg，平均日增重 0.52~0.6kg，料肉比 3.6∶1，胴体瘦肉率 57%，以浙江中白猪为母本与杜洛克、汉普夏、丹麦长白、大约克夏猪杂交，平均产仔数 12 头以上，"杜×浙" 杂优猪 175 日龄体重达 90kg；30~90kg 体重阶段，平均日增重 0.7kg 以上，料肉比 3.3∶1 以下，胴体瘦肉率 60% 以上。

（八）三江白猪

该猪种属瘦肉型品种，具有生长快、产仔较多、瘦肉率高、肉质良好和耐寒冷气候等特性。主要分布在黑龙江省东部的三江平原地区，是生产商品猪及开展杂交利用的优良亲本。该猪种全身背毛白色，中躯较长，腹围较小，后躯丰满，四肢健壮。成年公猪体重 250~300kg，母猪体重 200~250kg。后备公猪 6 月龄体重 80~85kg，后备母猪 6 月龄体重 75~80kg。肥育猪 20~90kg 阶段平均日增重 0.6kg，体重达 90kg 日龄为 185d，胴体瘦肉率 57%~58%，产仔数初产母猪 9~10 头，经产母猪 11~12 头。三江白猪与杜洛克、汉普夏、长白猪杂交都有较好的配合力，与杜洛克猪杂交效果显著，肥育期平均日增重 0.65kg，瘦肉率 62%。

（九）迪卡猪

迪卡配套系种猪简称迪卡（Dekalb），是美国迪卡公司在 20 世纪 70 年代开始培育的品种。迪卡配套种猪包括曾祖代（GGP）、祖代（GP）、父母代（PS）和商品杂优代（MK）。1991 年 5 月，我国由美国引进迪卡配套系曾祖代种猪，由 5 个系组成，这 5 个系分别称为 A、B、C、E、F。这 5 个系均为纯种猪，可利用进行商品肉猪生产，充分发挥专门化品系的遗传潜力，获得最大杂种优势。迪卡猪具有产仔数多、生长速度快、饲料转化率高、胴体瘦肉率高的突出特性，除此之外，还具有体质结实、群体整齐、采食能力强、肉质好、抗应激等一系列优点。产仔数初产母猪 11.7 头，经产母猪 12.5 头。达 90kg 体重日龄为 150d，料肉比 2.8∶1，胴体瘦肉率 60%，屠宰率 74%。该猪种宜于饲养管理，具有良好的推广前景。

（十）汉普夏猪

汉普夏猪（Hampshire）原产于美国肯塔基州布奥尼地区。猪身黑色，前肢白色，后肢黑色。肩部和颈部接合处有一条白带围绕，包括肩胛部、前胸部和前肢，呈一白带环，在白色与黑色边缘，由黑皮白毛形成一灰色带，故又称银带猪。头中等大小，耳中等大小而直立，嘴较长而直，体躯较长，背腰呈弓形，后驱臀部肌肉发达。汉普夏猪性成熟较晚，母猪初情一般在 5 月龄，产仔数一般每窝 10 头左右。汉普夏猪生长速度较慢，日增重 700g 左右，饲料利用率 3.0∶1 左右，瘦肉率达 61%，屠宰率 72% 以上。国外利用汉普夏猪与杜洛克猪杂交生产杂种公猪作父本，大约克猪与长白猪杂交生产杂种母猪为母本进行双杂交能显著提高商品猪的生产性能。

（十一）皮特兰猪

皮特兰猪（Pietrain）原产于比利时的布拉邦特省，是由法国的贝叶杂交猪与英国的巴克夏猪进行回交，然后再与英国的大白猪杂交育成的。毛色呈灰白色并带有不规则的深黑色斑点，偶尔出现少量棕色毛。头部清秀，颜面平直，嘴大且直，双耳略微向前；体躯呈圆柱形，腹部平行于背部，肩部肌肉丰满，背直而宽大。生长迅速，6 月龄体重可达 90~100kg。日增重 750g 左右，每 1kg增重消耗配合饲料 2.5~2.6kg，屠宰率达 76%，瘦肉率可高达 70%。由于皮特兰猪产肉性能高，多用作父本进行二元或三元杂交。国内一些育种场常将其与杜洛克猪杂交生产"皮×杜"二元杂交公猪，瘦肉率达 72%，是良好的终端父本。

（十二）巴克夏猪

巴克夏猪（Berkshire）原产于英国伯克郡和威尔郡。1860 年成为品质优良的脂肪型猪，1900 年德国人曾输入巴克夏猪饲养于青岛一带。我国早期引进的巴克夏猪体躯丰满而短，是典型的脂肪型猪种。20 世纪 60 年代引进的巴克夏猪体型已有改变，体躯稍长而膘薄，趋向肉用型。耳直立稍向前倾，鼻短、微凹，颈短而宽，胸深长，肋骨拱张，背腹平直，大腿丰满，四肢直而结实。毛色黑色有"六白"特征，即嘴、尾和四蹄白色，其余部位黑色。产仔数 7~9头，初生重 1.2kg，60d 断奶重 12~15kg。肉猪体重 20~90kg，日增重 487g，每1kg 增重耗混合精料 3.79kg。成年公猪体重 230kg，成年母猪 198kg。体质结实，性情温驯、沉积脂肪快，但产仔数低，胴体含脂肪多。巴克夏猪输入我国已有 90 多年历史，经长期饲养结果，在繁殖力、耐粗饲和适应性都有所提高。用巴克夏公猪与我国本地母猪杂交，体型和生产性能都有明显的改善。但瘦肉率和饲料利用率稍低，其杂种猪在国内山区仍受群众喜爱。

（十三）湘白猪

该猪种是湖北省在"七五""八五"期间，选育出的瘦肉型猪新品系，该猪种具有生产性能好、遗传稳定、耐粗饲、产仔多、生长快、瘦肉率高、肉质好等特点，深受生产者和消费者的欢迎。经产母猪窝平均产仔数 12~12.5 头，育肥猪 180 日龄体重达 90kg，胴体瘦肉率达 57.5%，以湘白母猪为母系与引进的杜洛克公猪杂交配套生产的杂优商品猪在中等营养条件下，生后 160~170 日龄体重达 90kg，育肥期日增重 0.7kg 以上，料肉比为 (3.0~3.2)∶1，胴体瘦肉率 60%~63%，比三元普杂商品猪提高瘦肉率 5~7 个百分点，现已在湖南省大面积推广，部分还推广到了广东等地。

（十四）太湖猪

太湖猪由二花脸、梅山、枫泾、嘉兴黑、横泾、米猪、沙乌头等猪种归并，1974 年起统称"太湖猪"。太湖猪是世界上产仔数最多的猪种，享有"国宝"之誉，无锡地区是太湖猪的重点产区。太湖猪属于江海型猪种，产于江浙地区太湖流域，是我国猪种繁殖力强，产仔数多的著名地方品种。太湖猪体型中等，被毛稀疏，黑或青灰色，四肢、鼻均为白色，腹部紫红，头大额宽，额部和后驱皱褶深密，耳大下垂，形如烤烟叶。四肢粗壮、腹大下垂、臀部稍高、乳头 8~9 对，最多 12.5 对。太湖猪以繁殖力高著称于世，是全世界已知猪品种中产仔数最高的一个品种。据对产区主要几个育种 1977—1981 年的统计，母猪头胎产仔数（12.14±0.09）头，二胎（14.48±0.11）头，三胎及三胎以上（15.83±0.09）头。各类群之间的产仔数，除个别外，差异不显著。

项目思考

1. 请简要列出淘汰后备母猪的标准。
2. 优质种猪具有什么特征？

项目二 公猪舍管理

管理要点

1. 掌握种公猪的选种与利用。
2. 掌握种公猪的饲养管理的主要措施。
3. 掌握种公猪进行采精调教的方法。
4. 掌握种公猪手握法采精的操作技术要点。
5. 掌握种公猪精液品质检查的主要指标与标准要求。
6. 掌握公猪精液稀释与保存的技术要点。
7. 掌握种公猪精液的运输环节。

饲养目标

种猪是养猪生产中的重要生产资料，公猪生产是种猪生产的主要环节。养猪生产要在选好种公猪的基础上养好种公猪。养好公猪的标准：使其具有良好的体质、充沛的精力、旺盛的性欲和配种能力，产生密度大、活力强、品质好的精子，具有中等或中等偏上的种用体况，使公猪充分发挥在繁殖过程中的种用价值。因此，要保持种公猪合理饲养、管理与配种利用的平衡，从公猪的采精调教、合理采精、检测公猪精液质量、做好精液的稀释贮存、公猪精液的运输等环节采取综合措施，实现种公猪的饲养目标。

必备知识

一、种公猪的选种与利用

（一）种猪选种依据的重要性状

1. 繁殖性状

繁殖性状主要涉及产仔数、泌乳力、仔猪初生重、初生窝重、仔猪断奶重、断奶窝重、断奶仔猪数，还可以测定发情期受胎率、哺乳期成活率、每头母猪年产仔猪胎数、年产断奶仔猪数等指标，繁殖力性状属于低遗传力（h^2）性状。上述性状中，多数性状对公猪而言属于限性性状，会受到公猪性别的限制而不能表现出来，公猪选种时可采取家系选择、同胞选种等方法判断公猪繁殖性状的种用价值。

（1）产仔数　遗传力为 0.05~0.10。

窝产仔数：出生时同窝的仔猪总数，包括死胎、木乃伊和畸形胎儿在内。

窝产活仔数：出生时存活的仔猪数，包括弱胎、假死仔猪在内。

影响因素：受母猪的排卵数、受精率和胚胎成活率等因素的影响。

（2）初生重与初生窝重　前者遗传力为 0.10 左右，后者遗传力为 0.24~0.42。

初生重：初生重是指仔猪在出生后 12h 内所得的空腹个体重（只测存活仔猪的体重）。

初生窝重：指全窝仔猪在出生后 12h 内的空腹窝重。

影响因素：与仔猪哺育率、仔猪哺乳期增重以及仔猪断奶体重呈正相关，与产仔数呈负相关。

（3）泌乳力　遗传力为 0.1 左右。

以 20 日龄的仔猪窝重来表示，包括寄养仔猪在内。

（4）断奶个体重与断奶窝重　后者遗传力为 0.17 左右。

断奶个体重：指断奶时仔猪的个体质量。

断奶窝重：断奶时全窝仔猪的总质量。

窝重限制因素：为产仔数、初生重、哺育率、哺乳期增重、断奶个体重等呈正相关。

（5）断奶仔猪数　指断奶时成活的仔猪数。

（6）生育期受精率

$$生育期受精率 = \frac{受胎母猪数}{配种母猪数} \times 100\%$$

（7）哺乳期仔猪成活率

$$哺乳期仔猪成活率=\frac{哺乳期存活仔猪数}{产活仔猪数-寄出仔猪数+寄入仔猪数}\times100\%$$

（8）每头母猪年产仔胎数

$$每头母猪年产仔胎数=\frac{365（d）}{（也称生产周期）妊娠期（d）+哺乳期（d）+空怀期（d）}$$

（9）每头母猪年产断奶仔猪数

$$每头母猪年产断奶仔猪数=年产胎数\times每胎平均产活仔数\times哺乳期成活率$$

2. 生长肥育性状

生长肥育性状属于中等遗传力性状，其遗传力约为0.3，表型选择效果较好，可进行表型选择。

（1）生长速度 生长速度通常用平均日增重计量。平均日增重指一定的生长肥育期内猪平均每天活重的增加量。

$$平均日增重=\frac{始重-末重}{肥育天数}$$

可以用20~25kg至90kg阶段测定，也可断奶后15d至90kg止进行测定。

（2）饲料转化率 饲料转化率也称饲料效率，常用料肉比表示。饲料转化率指生长肥育期或性能测验期每单位活重增长所消耗的饲料量来表示。饲料转化率的遗传力约为0.3，该性状与生长速度呈负相关（$r=-0.7$）。

（3）采食量 采食量指猪平均每天采食饲料量，其遗传力为0.20~0.45，平均为0.3，采食量与日增重、背膘厚呈正相关，与日增重的遗传相关系数$r=0.7$，与背膘原遗传相关系数$r=0.3$（中等），采食量与胴体瘦肉率呈负相关，其遗传相关系数$r=-0.2$。

3. 胴体性状

胴体性状包括背膘厚度、胴体长度、眼肌面积、腿臀比例、胴体瘦肉率和肉质性状等。胴体性状属高遗传力性状，其遗传力为0.40~0.60。胴体性状个体表型选种效果较好，可实行个体选择，主要依据后裔和同胞的屠宰资料进行测定。

（1）背膘厚度 背膘厚度指肉猪背部皮下脂肪厚度，背膘厚度遗传力为0.6左右。背膘厚度的测定方法有以下两种：一种是测量肉猪左侧胴体第6、第7胸椎结合处垂直于背部的皮下脂肪厚和皮肤厚度；另一种是测量背膘厚度的平均值，即分别测定肩部背膘最厚处的膘厚、胸腰椎结合处膘厚、腰荐结合处膘厚，然后计算上述3个点的平均膘厚。背膘厚度可用活体测膘仪进行测定。活体测膘仪测定背膘厚度如图2-1所示。

背中部膘厚与胴体重、瘦肉重、剥离脂肪重、皮下脂肪重、肌间脂肪重的遗传相关系数r分别为0.35、0.82、0.96、0.96、0.66。

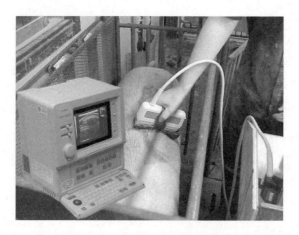

图 2-1　活体测膘仪测定背膘厚度

（2）胴体长度　胴体长度的遗传力约为 0.62，表型选择有效。

胴体斜长：由耻骨联合前缘至第一肋骨与胸骨结合处的斜长。

胴体直长：由耻骨联合前缘至第一颈椎前缘的直长。

（3）眼肌面积　眼肌面积指肉猪背最长肌的横切面积，其遗传力约为 0.48。眼肌面积的测定方法：国内通常测定最后肋骨处的眼肌面积，国外测定第 10 肋骨处的眼肌面积。眼肌面积的测定如图 2-2 所示。

图 2-2　眼肌面积的测定

眼肌面积（cm^2）= 眼肌宽度（cm）×眼肌厚度（cm）×0.7。眼肌面积也可用硫酸纸贴绘图后用求积仪测定或坐标纸测定。眼肌面积与下列性状间的遗传相关系数分别为：与瘦肉率相关系数 $r = 0.7$，与膘厚相关系数 $r = 0.35$，与饲料利用率相关系数 $r = 0.45$。

（4）腿臀比例　腿臀比例指腿臀部质量占胴体质量的百分比，腿臀部质量从胴体腰荐结合或最后腰椎处切下进行称量。腿臀比例的遗传力为 0.58。

（5）胴体瘦肉率　胴体瘦肉率指肌肉组织占胴体组成成分总质量的百分比。胴体瘦肉率是反映胴体产肉量高低的关键性状。瘦肉率测定方法是左侧胴体去除板油和肾脏后，将左侧胴体剖析为骨、皮、肉、脂4种成分，然后求算肌肉质量占4种成分总量的百分比。胴体瘦肉率的遗传力为0.31。

（6）肉质性状

①肌肉pH：肌肉的pH是反映猪屠宰后肌糖原酵解速率的重要指标，也是判断生理正常肉或异常肉（猪肉白肌肉、猪肉黑干肉）的重要依据。测定方法是在肉猪左半胴体倒数第3根肋骨距背中线约6cm处切开皮肤与脂肪，在屠宰后45min，切取宽度和厚度大于3cm的背最长肌（眼肌），将pH仪电极插入肉样深处1cm以下的深度测定，结果记为pH；然后将肉样置于4℃左右的冰箱中保存，在宰后24h再测定一次，结果记为PHM。

正常肌肉的pH在6.0~6.7。当pH小于5.9，同时又伴有肉色灰白、肌肉组织松软、肌肉大量渗水，可判定为白肌肉（PSE）；当pH大于6.0时，又伴有肉色暗褐、组织坚硬、表面干燥症状，可判定为黑干肉（DFD）。

②肉色：

部位：胸腰结合处腿肌横切面。

时间：宰后1~2h，4℃冷却24h。

方法：5级分制标准评分图评分。

依据与结果：灰白肉色（异常肉色）1分，轻度灰白肉色2分，正常鲜红色3分，正常深红色4分，暗红色（异常肉色）5分。

③含水率：采取加压质量法测定含水率，即肉猪屠宰后2h内取第2、第3腰椎处眼肌切1.0cm厚的薄片，用直径为2.523cm的圆形样器圈面积5.0cm^2，两层纱布间各放18层滤纸，外包硬性塑料垫板放于压缩仪平台上，匀速摇把加压至35kg，保持5s，测定压缩前后质量，精确到0.01g。计算失水率。

④贮存损失：在不施用任何外力而只受重力作用下，肌肉蛋白质在测定期间的液体损失。

测定方法：宰后2h取4、5肋处眼肌，长5cm，宽3cm，厚2cm，钩住外包塑料袋不接触，4℃于冰箱，24h后称量计算。

⑤熟肉率：宰后2h，腰大肌或腰膈肌中段100g蒸30min，冷却15~20min，称量计算。

⑥肌肉大理石纹：评定方法为胸腰结合处眼肌横切面，4℃冰箱存放24h，对照大理石评分标准图，按照5级评分法评定肌肉大理石纹。

1分：肌肉脂肪呈极微量分布；

2分：肌肉脂肪呈微量分布；

3分：肌肉脂肪呈适量分布（理想分布）；

4分：肌肉脂肪呈较多量分布；

5分：肌肉脂肪呈过量分布。

⑦肌肉化学成分：宰后2~3h，取右侧腿肌中心部位肌肉约100g，分析肌肉中蛋白质、脂肪和钙的含量。

（7）猪应激综合征（PSE）与肉质

PSE属遗传缺陷，指猪在应激状态下产生的恶性高热猝死以及肉质变劣等综合征。

恶性高热综合征（MHS）是PSE的典型特征。

特征：体温骤然升到42~45℃，呼吸急促，过度换气，心动过速，后肢强直，肌肉僵硬，水盐代谢紊乱，皮肤发绀，肌肉中乳酸堆积，严重时引起代谢性酸中毒和心力衰竭而突然死亡，常变为白肌肉或黑干肉。

恶性高热综合征属隐性遗传，纯合表现为应激敏感性，为氟烷隐性有害基因，杂合时为应激抵抗性。

测定方法：①氟烷测定，方法：氟烷2.5%~5.5%，O_2流量1~5L/min，2~3月龄，麻醉1~5min，4min后表现明显强直为应激性；无明显症状，肌肉松弛，四肢自然弯曲为抵抗性；无变化或轻度反应为可疑者。②血液检验。③DNA诊断，采用PCR方法进行。

4. 生长发育性状

生长发育性状属于中等遗传力性状。

（1）体重 早晨空腹，妊娠母猪于怀孕50~60d或产后15~20d进行。猪的体重可按下式进行估算：

$$猪的体重（kg）= \frac{胸围（cm）×体长（cm）}{142（营养良好）或156（中等）或162（不良）}$$

（2）体长 从两耳根连线中点，沿背线至尾根的长度。用软尺沿背线紧贴体表量取。测量时注意猪的下颌、颈部、胸部在一条直线上。

（3）胸围 胸围指猪肩胛后沿的胸部垂直周径，用软尺紧贴体表量取。

（4）体高 体高指猪肩胛最高点至地面的垂直距离，用测杖进行测量。

（5）腿臀围 自左膝关节前缘、经肛门、绕至右膝关节前缘的长度。

猪的生长发育性状指标测量时间：断奶时、6月龄、成年（36月龄以上）测体重和体长。测量种猪体尺，尤其是量体长时种猪站立姿势应求端正。猪体长测量站立姿势如图2-3所示。

（二） 种猪的选种时间

通常分为三个阶段，即断奶时选种、6月龄选种和母猪初产后选种。现把不同阶段的选种要求介绍如下。

图 2-3　猪体长测量站立姿势

1. 断乳时选种

应根据父母和祖先的品质（即亲代的种用价值），同窝仔猪的整齐度以及本身的生长发育（断奶重）和体质外形进行鉴定。外貌要求无明显缺陷、失格和遗传疾患。失格主要指不合育种要求的表现，如乳头数不够，排列不整齐，毛色和耳形不符合品种要求等。遗传疾患指疝气、乳头内翻、隐睾等。这些性状在断奶时就能检查出来，不必继续审查，即可按规定标准淘汰。由于在断奶时难以准确的选种，应力争多留，便于以后精选，一般母猪至少应达 2 ∶ 1、公猪 4 ∶ 1。

2. 6 月龄时选种

这是选种的重要阶段，因为此时是猪生长发育的转折点，许多品种此时可达到 90kg 左右活重。通过本身的生长发育资料并可参照同胞测定资料，基本上可以说明其生长发育和肥育性能的好坏。这个阶段选择强度应该最大，如日本实施系统选育时，这一淘汰率达 90%，而断奶时期初选仅淘汰 20%。这是因为断奶时期对猪的好坏难以准确判断。

6 月龄选种重点选择从断奶至 6 月龄的日增重或体重、背膘厚（活体测膘）和体长，同时可结合体质外貌和性器官的发育情况，并参考同胞生长发育资料进行选种。机能形态应注意以下几点。

（1）结构匀称，身体各部位发育良好，体躯长，四肢强健，体质结实。背腰结合良好，腿臀丰满。

（2）健康，无传染病（主要是慢性传染病和气喘病），有病者不予鉴定。

（3）性征表现明显，公猪还要求性功能旺盛，睾丸发育匀称，母猪要求阴户和乳头发育良好。

（4）食欲好，采食速度快，食量大，更换饲料时适应较快。

（5）合乎品种特征的要求。

3. 母猪初产后（14~16月龄）选种

此时母猪已有繁殖成绩，因此，主要据此选留后备母猪。在断奶阶段，虽然考虑过亲代的繁殖成绩，但难以具体说明本身繁殖力的高低，必须以本身的繁殖成绩为主要依据。当母猪已产生第一窝仔猪并达到断奶时，首先淘汰产生畸形、脐疝、隐睾、毛色和耳形等不符合育种要求的仔猪的母猪和公猪，然后再按母猪繁殖成绩和选择指数高的留作种猪，其余的转入生产群或出售。日本实施的系统选育计划中母猪初产后规定留种率为40%，而我国一般种猪场此时的淘汰率很低。

就选种来说，一头良种猪由小到大需经过三次选择：断奶阶段、6月龄阶段和初产阶段。目前，我国种猪场的选择强度不大。一般要求公猪（3~5）：1，母猪（2~3）：1。就是说，要选留一头种猪，需要有三头断奶仔猪供选择。因此，应根据现场情况和育种计划的要求，创造条件适当提高选择强度。

（三）种猪测定条件与受测猪要求

1. 饲养管理条件

（1）受测猪的营养水平和饲料种类应相对稳定，并注意饲料卫生条件。

（2）受测猪的圈舍、运动场、光照、饮水和卫生等管理条件应基本一致。

（3）测定单位应具有相应的测定设备和用具、并规定专人使用。

（4）受测猪必须由技术熟练的工人进行饲养，有一定育种知识和饲养经验的技术人员进行指导。

（5）在测定时应按有关规程的要求建立严格的测定制度和完整的记录档案。

2. 受测猪的选择

（1）受测猪个体编号清楚，品种特征明显，并附三代以上系谱记录。

（2）受测猪必须健康、生长发育正常、无外形损征和遗传疾患。受测前应由兽医进行检验、免疫注射、驱虫和部分公猪的绝育。

（3）受测猪应来源于主要家系（品系），从每头公猪与配种的母猪中随机抽取三窝，每窝选1头公猪、1头阉公猪和2头母猪进行生长肥育测定，其中1头阉公猪和1头母猪于体重90kg时进行屠宰测定。

（4）受测猪应选择60~70日龄和体重20kg的中等个体。测定前应接受负责测定工作的专职人员检查。

（四）种公猪选种要求

种公猪是发展生猪生产获取养猪效益的先决条件。因此，做好种公猪选择工作非常重要。

1. 种公猪的品种特征

不同品种的种公猪具有不同的品种特征。种公猪必须具备典型的品种特征，如毛色、耳型、头型、体型外貌等，必须符合本品种的种用要求，尤其是纯种公猪的选择。

2. 种公猪的体躯结构

种公猪的整体结构要匀称，头颈、前躯、中躯和后躯结合自然、良好，体质结实。头大而宽，颈短而粗，眼睛有神，胸部宽而深，背平直，身腰长，腹部大小适中，臀部宽而大，尾根粗，尾尖卷曲，摇摆自如而不下垂，四肢强壮，姿势端正，蹄趾粗壮、对称，无跛蹄。种公猪的良好体躯结构如图 2-4 所示。

图 2-4　种公猪的良好体躯结构

3. 种公猪的性特征

种公猪要求睾丸发育良好、对称，无单睾、隐睾、疝等缺陷，包皮积尿不明显。性机能旺盛，性行为正常，精液品质良好。腹底线分布明确，乳头排列整齐，发育良好，无翻转乳头和副乳头，且具有 6 对以上。

4. 种公猪的生产性能

种公猪的某些生产性能，如生长速度、饲料转化率和背膘厚度等，都具有中等到高或中等偏上的遗传力。因此，被选择的公猪都应该在这方面确定它们的性能，选择具有最高性能指数的公猪作为种公猪。

5. 种公猪的个体生长发育

种公猪的个体生长发育选择，是根据种公猪本身的体重、体尺发育情况，测定种公猪不同阶段的体重、体尺变化速度。在同等条件下选育的个体，体重、体尺的评分越高，种公猪的等级高。对幼龄小公猪的选择，生长发育是重要的选择依据之一。

6. 种公猪的系谱资料

利用种公猪的系谱资料进行选择，主要是根据亲代、同胞、后裔的生产评分来衡量被选择公猪的性能，具有优良性能的个体，在后代中能够表现出良好的遗传素质。系谱选择必须具备完整的记录档案，根据记录分析各性状逐代传递的趋向，选择综合评价指数最优的个体留作公猪。

（五）种公猪的选种方法

种公猪的选种方法有个体选种、系谱选种、同胞测定、后裔测定、合并选种和综合选择指数选种等多种方法，各有优缺点。在猪的不同生理阶段应有所侧重，灵活运用。

1. 个体表型选种法

根据种公猪个体评分的高低进行选种的方法。该法主要用于遗传力高，且能直接度量的性状的选种。个体表型选种的依据有种公猪个体生长发育评分（如体重、体尺等）、个体外貌与体质类型、个体生产力等。

2. 同胞测定

根据备选个体公猪的同胞的平均表型值来确定备选公猪的种用价值。同胞分全同胞（同父同母的个体）、半同胞（同父异母、异父同母的个体）、全同胞-半同胞混合家系等。

同胞测定可用于限性性状和胴体性状的选择。限性性状是指某些性状表现受到性别的限制，如产仔数、泌乳力等对公猪是限性性状。

3. 后裔测定

后裔测定是根据种公猪后裔的评分确定种用价值高低的方法。

4. 后裔测定系谱鉴定

系谱是记载备选公猪的祖先编号、名字、出生时间、生产性能、生长发育、种用价值、鉴定评分等方面情况的资料。一般记载3~5代祖先资料。个体系谱种类主要有横式系谱、竖式系谱等。

系谱鉴别是根据不同种公猪的系谱，按照系谱鉴别的方法、步骤进行系谱鉴别，并选出种用价值高的备选公猪。系谱鉴定注意的问题：同代祖先相比较，如父-父、母-母、祖父-祖父、祖母-祖母等；特别重视亲代评分的比较；如祖先评分一代比一代好，则同等条件下应优先选种；一般考虑3代内祖先评分。

（六）种猪的选配

选配是指有目的、有计划地决定公母猪的配对繁殖，有目的地组合后代的遗传基础，以达到培育和利用良种的目的。

选配的作用：能改变群体的遗传组成，培育新的理想类型，创造变异；能稳定后代的遗传特性，使理想的优良性状固定下来；能把握变异的方向，并加强某种变异，变异育种。

选种与选配的关系：选种是选配的基础和先决条件，为选配提供种用资源；选配是选种的继续和发展。二者相互联系、相互促进。

选配的方法包括表型选配和亲缘选配两大类。

1. 表型选配

根据表型性状、不考虑其是否有血缘关系而进行的选配方法。表型选配有两种：一种是同质选配；另一种是异质选配。同质和异质选配是现场工作中最普遍、最一般的选配方法。

（1）同质选配　指用性能或外形相似的优秀公母猪配种，要求在下一代中获得与公、母猪相似的后代。

特点：同质选配具有增加纯合基因频率，减少杂合基因频率的效应，能够加速群体的同质化。这种交配方法长期以来称之为"相似与相似"的交配，但表型相似并不意味着基因型完全相同。因此，同质选配达到基因型纯合的程度比近亲交配达到的效果要慢得多。而相似的公、母猪交配，也可能产生不相似的个体，使其优点得不到巩固。要使亲本的优良性状巩固地遗传给后代，就必须考虑各种性状的遗传规律和遗传力，以保证达到较好的效果。

同质选配一般是为了巩固优良性状时才应用，如杂交改良到一定阶段，为使理想的类型及性状出现理想个体时，多采用同质选配法，固定下来。

（2）异质选配　指选择性状不同或同一性状不同程度的优良公母猪进行交配，以获得优良后代。

可分为两种情况：一种是选择性状不同的优秀公母猪配种，以获得兼得双亲不同优点的后代。如一头猪或一个群体躯体表现较长，另一头猪或一个群体腿臀围相对地丰满，交配后，其后代有可能出现躯体长、腿臀围较大的个体；另一种是选择同一性状或同一品质而表现优劣程度不同的公、母猪配种（一般是公猪优于母猪），希望把后代性能提高一步。在实际工作中，利用异质选配，可以创造新的类型。

同质选配与异质选配在工作中是互为条件的，如长期地采用同质选配，可导致群体中出现清晰的类型，为异质选配提供良好的基础；同样在异质选配所得的后代群体中出现符合选种要求的个体，可及时转入同质选配，以稳定新的性状。

2. 亲缘选配

亲缘选配是根据交配双方的亲缘关系远近程度进行选配的方法。亲缘选配可相对地划分近交和远缘交配。

当猪群中出现个别或少数特别优秀的个体时，为了尽量保持这些优秀个体的特性，固定其优良性状，提高群内纯合型（理想型）的基因频率，或者为揭露群内劣性基因，多采用近交。

在采用近交时，为防止出现遗传缺陷，必须事先对亲本进行严格选择，还可采取控制亲缘程度克服近交衰退。

（七）种公猪的利用

1. 杂交与杂种优势

（1）杂交及其作用　遗传学上的概念指不同遗传组成的纯合子之间的交配；畜牧学上是指不同种群（种、品种、品系）的公母畜之间的交配，其产生的个体称杂种。养猪生产中的杂交通常指品种间杂交。

杂交的作用：综合不同品种的优良性状，培育新品种；改良畜禽的生产方向；产生杂种优势，提高商品猪生产性能。

（2）杂种优势及其度量

①杂种优势：是指不同品种的种猪杂交措施的杂交后代，在某些性状的表型值超过双亲的平均值。产生杂种优势的遗传基础是两个亲本群体中显性有利基因的互补和增加基因互作的机会。杂交后代中，不同性状的杂种优势不同。一般认为低遗传力性状杂种优势高，如繁殖力性状；高遗传力性状的杂种优势低，如胴体瘦肉率、生长速度等。

②杂种优势的度量：

杂种优势值：指杂种（F_1）该性状均值超过双亲平均数的部分，均值差越大，表明杂种优势越高。

杂种优势值＝F_1均值–双亲均值

杂种优势率：均值差与双亲均值之比，用百分数表示。

杂种优势率＝（均值差/双亲均值）×100%

注意：在多品种或多品系杂交时，亲本平均值按各亲本在杂交中所占的血缘比例的加权平均值。

2. 杂种优势的利用

（1）杂交亲本的选优提纯

选优：通过选择，使种猪亲本群体的生产性能提高。

提纯：通过选择或品系繁育，使种猪亲本群体的基因型尽可能纯合，两个亲本的基因型越纯，遗传差异越大，则杂种优势越强。

（2）合理选择杂交亲本

种公猪的选择：重视生产性能的选择，要求生产性能优良。如要求生产瘦肉型猪时，就应选择瘦肉型猪作父本。

种母猪的选择：在生产性能良好的前提下，特别要求具有较强的繁殖性能和母性，数量要多。因为繁殖力高可以多产仔而泌乳能力强、母性好、育成的仔猪好，育成率高。

（3）杂种优势率的预估 亲本遗传差异越大，则杂种优势率越高；两个亲本相距越远，则杂种优势率越高；遗传力越低的性状，则杂种优势率越高；反之，则越低。如产仔数方面的杂种优势率高于胴体瘦肉率的杂种优势率。

（4）通过杂交组合试验，选出最佳的杂交组合。

（5）建立专门化品系和杂交繁育体系，包括二品种杂交繁育体系、三品种杂交繁育体系。

3. 养猪生产中常用的经济杂交方法

（1）二元杂交

P 甲品种 × 乙品种

↓

F_1 个体（公母全部作商品用）

评价：简单，易于推广。但在繁殖性能上的杂种优势不能得到利用。这种杂交方式一般适合广大农村或饲养管理水平一般的养猪场饲养。

（2）三元杂交

P 甲品种 × 乙品种

↓

F_1 个体 ×丙品种（终端父本）

（公猪全部作商品用 母猪作种用）

↓

杂种后代全部作商品

评价：杂种优势率高于二元杂交，能充分利用繁殖力方面的优势。但相对较复杂，对饲养管理条件要求较高，一般在饲养条件较好的猪场采用。

4. 猪杂交繁育体系的建立

繁育体系的建立和完善，是现代化养猪生产取得高效益的重要组织保证。完整的繁育体系主要包括以遗传改良为核心的育种场（群），以良种扩繁特别是母本扩繁为中介的繁殖场（群）和以商品生产为基础的生产场（群）。一般育种群较小，但性能高，需在繁殖场加以扩大，以满足生产一定规模商品育肥猪所需的父母本种源。种猪的繁育体系如图 2-5 所示。

（1）育种场 育种场（群）处于繁育体系的最高层，主要进行纯种（系）的选育提高和新品系的培育。其纯繁的后代，除部分选留更新纯种（系）外，主要向繁殖场（群）提供优良种源，用于扩繁生产杂交母猪或纯种母猪，并可按繁育体系的需要直接向生产群提供商品杂交所需的终端父本。因此，育种场

图 2-5　种猪的繁育体系

（群）是整个繁育体系的关键，起核心作用，故又称为核心场（群）。

（2）繁殖场　繁殖场（群）处于繁育体系的第 2 层，主要进行来自核心场（群）种猪的扩繁，特别是纯种母猪的扩繁和杂种母猪的生产，为商品场（群）提供纯种（系）或杂交后备母猪。

（3）商品场　商品场（群）处于繁育体系的底层，主要进行终端父母本的杂交，生产优质商品仔猪，保证育肥猪群的数量和质量，最经济有效地进行商品育肥猪的生产，为人们提供满意的优质猪肉。育种核心群选育的成果经过繁殖群到商品群才能表现出来。

要确定合理的猪群结构，首先是要确定生产商品育肥猪的最佳杂交方案，如采用二元杂交、三元杂交时，这需根据已有的品种资源，猪舍设备条件以及市场需求等来综合分析判断；其次是需要各类猪群的结构参数，包括与遗传、环境及管理等有关的生物学参数，以及人为决定的决策变量，其中最重要的几个参数是各层次的公、母配种猪的比例，公、母种猪的使用年限，每年每头母猪提供的仔猪数，以及提供的后备种猪数。采用常规的杂交方案如二元和三元杂交计划时，各层次母猪占总母猪的比例大致是核心群占 2.5%、繁育群占 11%、生产群占 86.5%，呈典型的金字塔结构。

二、公猪的饲养程序

种公猪的生产特点是以提供高质量的精液为目的，优良种公猪则是获得大量优质仔猪的基础。在大规模猪场中，公猪的作用尤为重要。一头成年公猪在自然交配的情况下，可负担 25 ~ 30 头基础母猪的配种任务，若采用人工授精，则负担的母猪数可达 200 ~ 300 头。因此加强种公猪的饲养管理，提高精液品质是搞好养猪生产的关键环节。

（一）种公猪的合理饲养

1. 应给种公猪配制营养丰富的饲料

要使种公猪能正常发挥作用，最重要的一点就是要使种公猪有一个强壮而健康的体魄。

种公猪与其他家畜比较，具有射精量大、总精子数多、交配时间长等特点。猪精液中的干物质，其中60%以上是蛋白质，其余的是矿物质、脂肪和各种有机浸出物，而形成精液的必需氨基酸有赖氨酸、色氨酸、胱氨酸、甲硫氨酸等，尤其是赖氨酸更为重要。

因此，饲养中应配制营养丰富的公猪饲料，要求粗蛋白质达到12%~14%，消化能达到12.55MJ/kg，钙0.66%，磷0.53%，食盐0.35%。各种维生素、微量元素应丰富。可参考种公猪饲养标准，采用多种饲料配制专用公猪料饲喂公猪。

种公猪饲料配方示例如表2-1所示。

表2-1 种公猪饲料配方示例

饲料	占比/%	
	非配种期	配种期
组成		
玉米	64.5	64
豆饼	15.0	28.3
麦麸	15.0	—
大麦	—	4.2
草粉	3.0	—
鱼粉	—	1.0
骨粉	2.0	2.0
食盐	0.5	0.5
合计	100	100
营养水平		
消化能/(MJ/kg)	13.02	13.73
粗蛋白含量/%	14.06	18.96
钙含量/%	0.71	0.76
磷含量/%	0.65	0.59

注：上述配方另加维生素和微量元素添加剂。

饲粮需多样化搭配，尤其是搭配适量的优质蛋白质饲料，以平衡饲粮的氨基酸。并喂给少量的青饲料以补充维生素。采精和配种频率较高的公猪，喂料量增加20%~25%，配种后加喂2~3个鸡蛋。对过肥或过瘦的公猪应酌情减料或加料，以保持公猪良好的体况，使处于理想膘情种公猪的比例应占全群的90%以上。种公猪良好的膘况如图2-6所示。

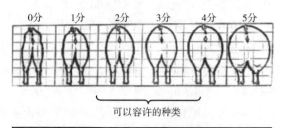

阶段	理想膘情	淘汰膘情
后备公猪	4分	0、1、5分

图2-6　种公猪良好的膘况

2. 种公猪饲喂技术

公猪的饲粮体积不宜过大，应以精料为主，防止垂腹。种公猪在非配种季节和配种季节的精料喂量分别是2kg/（头·d）和3kg/（头·d）。

饲喂公猪要定时定量，日喂2~3次，每次八九成饱即可。

采用生粉饲料干喂，合理供给饮水。也可采用湿拌料饲喂（料水比为1:0.8）。

饲粮应品质好，适口性强，防止饲料霉烂变质和含有有毒成分。

（二）种公猪的科学管理

1. 适宜的运动

运动是保证公猪有旺盛性欲不可缺少的措施，它不仅可维持种公猪的正常生理代谢、提高精液数量质量，还可以通过运动使身体各部分均匀发育，防止肢蹄病，提高配种能力。合理运动能促进食欲，增强体质，提高繁殖能力。运动不足，使脂肪沉积，四肢无力，甚至造成睾丸脂肪变性，严重影响配种效果。种公猪一般每天要坚持运动两次，上、下午各一次，每次运动1h，行程2~3km，有条件时可对公猪进行放牧，这也可代替运动。夏季宜早、晚运动，冬季中午运动。公猪运动后不要立即洗浴或饲喂。并注意防止公猪因运动量过大而造成疲劳。配种旺期应适当减少运动，非配种期和配种准备期应适当增加运动。

目前一些工厂化养猪场的种公猪没有运动条件，又不进行驱赶运动，常造成公猪利用年限大大缩短。

2. 单圈饲养

公猪单圈饲养，可避免相互爬跨和造成自淫的恶习，减少相互干扰、刺激，有利于公猪健康。若圈舍条件有限，可每圈饲养 2 头，但性成熟后最好单圈饲养。

3. 定期检查精液品质和称测体重

人工授精时，每次采精后都应进行精液品质的检查，并定期称测公猪体重，然后根据精液品质的好坏和体重变化来调整日粮的营养水平和公猪采精频率。如果采用本交，每月也要检查 1~2 次精液品质，特别是后备公猪开始使用前和由非配种期转入配种期之前，都要检查精液 2~3 次，严防死精公猪配种。种公猪应定期称测体重，可检查其生长发育和体况。根据种公猪的精液品质和体重变化来调整日粮的营养水平和饲料喂量。

4. 建立良好的生活制度

饲喂、采精、配种、运动、刷拭等各项作业，均建立固定的时间，利用条件反射养成规律性的生活制度，便于管理操作。

5. 做好猪舍清洁卫生与公猪刷拭

猪舍要干燥、清洁、通风良好，采光充分。有条件可每天对公猪进行刷拭。刷拭可保持猪体清洁，促进血液循环，减少皮肤病和外寄生虫病。栏内地面不打滑，但必须排水良好以防止地面潮湿导致蹄部及关节问题。

6. 做好公猪舍环境控制

公猪舍温度 18~22℃，最高不能超过 28℃。温度的调节除了参照温度标准，还应结合猪只冷热表现进行。光照强度 200~250lx，光照时间 14~16h。相对湿度 50%~70%。每个圈舍均需悬挂高低温度计，温控仪探头和温度计放置位置相同。为防止公猪热应激、保证精子活力，可采用水帘、风机及冲淋降温。天气炎热时应在早晚较凉爽时采精，并适当减少公猪使用次数。

7. 防止公猪咬架

公猪好斗，如偶尔相遇就会咬架。公猪咬架时应迅速放出发情母猪将公猪引走，或者用木板将公猪隔离开，也可用水猛冲公猪眼部将其撵走。重点应预防咬架，如不能及时平息，会造成严重的伤亡事故。

（三）种公猪的合理利用

1. 调教

种公猪性成熟后，往往互相爬跨和自淫，严重时会造成种公猪生殖器官的损伤，降低种用价值。因此应及时做好调教工作，纠正其交配过程中的不规范姿势。

2. 配种的合理利用

（1）初配时间　种公猪的使用应根据年龄和体质合理安排，健康的后备种公猪 8~10 月龄，体重达 140~150kg 即可配种使用。

（2）配种次数 青年阶段的后备种公猪每周只能配种 1~2 次。正常使用的成年公猪每周最多只能使用 5 次。在特殊情况下短时间内可每天使用 2 次，但喂食时应补充小鱼或熟鸡蛋。

使用人工授精的种公猪，每周采精 4d，每天 1 次。长期没有配种的公猪初次使用，则第一次采取的精液应废弃不用。因长期贮存在体内的精子活力较差，品质也较差。种公猪配种应有计划性，应合理使用种公猪。

（3）种公猪的淘汰 种公猪的淘汰应根据不同的生产因素合理确定。在生产中，淘汰种公猪的主要因素是母猪的窝产仔数、配种受胎率等。但是，由于这两项指标要受圈舍条件、疫苗接种、饲养管理、种猪调教、配种技能、母猪繁殖潜力、公猪使用频率、季节等因素的影响，在生产中，要通过与配母猪的生产性能综合计算种公猪的生产性能，确定合理的淘汰方案。

种公猪的淘汰原则：与配母猪分娩率低、产仔少的公猪；性欲低、配种能力差的公猪；有肢蹄病的公猪；精液品质差的公猪；因各种疾病不能配种的公猪；有恶癖的公猪；膘情不良（过肥或羸弱）、体型过大或过小的公猪。

（四）种公猪在饲养管理过程中应注意的问题

1. 要注意种公猪的自淫现象

应单圈饲养，远离母猪和配种点，同时应加强运动和正确管理。

2. 防止种公猪过度使用

在配种旺季，由于公猪较少或有部分公猪患病，有些猪场为追求眼前利益而过度使用公猪，不但导致公猪受胎率和产仔数都较低，而且可能使公猪失去种用价值，影响猪场的正常生产。

3. 应加强种公猪闲置期的管理

在没有配种任务的闲置期，不能放松对种公猪的饲养管理工作，应按照正常饲养标准饲喂，切不可随便饲喂，使公猪过肥或过瘦，造成性欲降低或不能胜任以后的配种任务，进而影响种用价值。所以在闲置期应本着增强公猪体质，调节和恢复种用体况，进行科学的饲养管理，以便在下一个配种旺季更好地发挥作用。

三、青年公猪的调教

（一）青年公猪调教的日龄、体重

后备公猪达 8 月龄，体重达 140~150kg，膘情良好即可开始调教，先调教性欲旺盛的公猪，下一头隔栏观察、学习。公猪在适应期，每天调教 2 次，每次调教 15~20min，时间不宜过长；采精人员与公猪的亲和是调教成功的关键，需要操作者经常抚摸、轻轻拍打、表扬等。调教成功后每周采精1次。后备公猪调教出来后，如果精子密度低于1亿个/mL，采精间隔可以安排为8～10d，直至密度达到1亿个/mL以上。

采精与喂料间隔：保持采精后间隔1h以上，下班前45～60min开始喂料。

（二）种公猪采精调教前的准备

1. 采精场

必须注意采精环境，以便公猪建立巩固的条件反射。采精场应宽敞、平坦、安静、清洁。采精场应紧靠精液处理舍。

2. 台畜的选择

台畜的作用是供调教公猪爬跨、引起调教公猪性的兴奋。

（1）活台畜　可用发情母畜，发情母畜应健康、体质健壮、大小适中、性情温顺、发情征状明显的经产母畜。

（2）假台畜　公猪采精时间长（5～7min），利用母猪作活台畜采精不方便，且公猪易于训练爬跨假台畜。故公猪采精多用假台畜。

假台畜的要求：牢固、稳定、有适当的承重力、干净、方便公畜爬跨。

公猪采精台：长130cm、高50cm、背宽25cm，形如长凳状，可人工制作。

（三）青年公猪的采精调教方法

采精是人工授精的重要环节，掌握好采精技术，是提高采精量和精液品质的关键。要想采精，首先要对公猪进行采精训练。为使训练容易成功，要培养公猪接近人的习惯，保证母猪采精的地点固定不变，同时保持环境的安静与卫生，容易让后备公猪建立条件反射。

青年公猪的采精调教方法主要有以下几种方法：

调教方法一：在假台畜后躯涂抹发情母猪阴道黏液或尿液，公猪则会因此而引起性的兴奋并爬跨假台畜，经几次采精后即可获得成功。

调教方法二：在假台畜旁边放一头发情母猪，引起公猪性欲和爬跨后，但不让交配而把其拉下，特别是公猪，爬上去，拉下来，反复多次，待公猪性欲达到高峰后，迅速将母猪牵走，诱其爬跨假台畜采精。

调教方法三：可将待调教的公猪拴系在假台畜旁边，让其目睹另一头已调教好的公猪爬跨假台畜，然后诱其爬跨假台畜采精。

调教方法四：训练公猪还可利用另一头公猪爬跨后的假台畜，或将其他公猪的尿液涂抹在假台畜上，然后让待调教的公猪爬跨，则会引起爬跨反射，也能调教成功。

公猪爬跨假台畜时的情况及假台畜如图2-7所示。

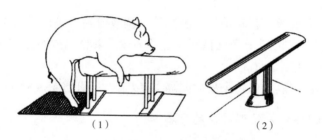

（1）　　　　　　　　　　　　　　　（2）

图 2-7　公猪爬跨假台畜时的情况及假台畜

（四）采精调教应注意的问题

在公猪很兴奋时，要注意公猪和采精员自己的安全，采精栏必须设有安全角。调教时，不能让两头或两头以上公猪同时在一起，以免引起公猪打架等，影响调教的进行和造成不必要的经济损失。

无论哪种调教方法，公猪爬跨后一定要进行采精，否则公猪很容易对爬跨假母台失去兴趣。

采精人员与公猪的亲和是调教成功与否的关键，需要操作者抚摸、轻轻拍打、表扬等，不能给予公猪不良刺激。

注意公猪外生殖器官卫生，平时公母猪隔离饲养，固定采精调教时间；第一次调教采精成功后仍需多次调教。

四、精液采集、品质检查、稀释与分装储存

（一）精液采集

1. 采精前的准备

（1）采精公猪的确定　根据发情母猪品种、耳号按繁育要求，确定采精公猪。

（2）采精杯的准备　先在采精杯内垫一只一次性采精袋，再在杯口覆滤纸，用橡皮筋固定，要松一些，使其能沉入 2cm 左右。称取采精杯的质量，放在 37℃ 恒温箱预热备用。准备好的采精杯如图 2-8 所示。

（3）稀释液的制备　至少在采精前 1h 配制好，使其在使用前形成稳定溶液。将公猪精液稀释粉倒入 37℃ 预热的双重蒸馏水或纯净水中，玻棒搅拌，充分溶解，放入 37℃ 水浴锅里保温。注意精液稀释粉的稀释比例按照操作要求进行。

（4）精液实验室的温度　将空调打开，温度控制在 22℃ 左右。

（5）显微镜恒温板的准备：设定温度在 37~40℃。

图 2-8 准备好的采精杯

（6）备好精液瓶、卫生纸、手套。

2. 精液采集

理想的采精方法应在不损害公猪生殖器官和机能、不影响精液品质的前提下，应用最方便快捷的方式全部收集一次射出的精液。采精的方法目前生产上仅有两种方法常见，即手握法采精和假阴道法采精。随着养猪场技术水平的逐年提高，现代养猪业人工采精技术基本上都采取手握法采精方式。手握法采精的原理是模仿母猪子宫对公猪螺旋阴茎龟头约束力而引起公猪射精。该法是目前广泛使用的一种采精方法，其优点是设备简单，操作方便，缺点是精液容易污染和受冷环境的影响。手握法采精的操作过程如下。

（1）把公猪从栏里放出，用赶猪板把公猪赶到采精区。人员离开采精栏，让公猪在采精栏内熟悉环境 3~5min。

（2）采精者手戴双层手套，内层橡胶手套，外层套上长臂塑料手套或薄膜手套。检查包皮周围的阴毛，清理体表。

（3）诱导公猪爬上假台畜，如果公猪没有爬上假台畜，继续给它口头鼓励，按摩包皮以及睾丸刺激公猪爬跨。如果公猪爬上假台畜，排挤公猪包皮憩室内的积尿。

（4）小心去掉外层手套，顺势握住公猪的阴茎并拉出，并暴露阴茎头 1.3cm 左右，防止与手端接触。用准备好的蒸馏水清洗公猪的阴茎和采精员的手端，然后用卫生纸拭干。

（5）当公猪稳定下来开始射精时，减小手部握力让精液流出。公猪第一阶段射出少量白色胶状液体，为精清，不含精子，且混有尿液和脏物，不收集，应将先射出的胶体和精清部分丢弃在采精栏地板上，等待公猪射精并收集乳状富含精子部分。当公猪再次开始射出大量胶体时紧握阴茎，有节律性地刺激公猪的阴茎头，然后继续收集公猪精液。公猪最后排出的精液较清澈，精子数量少，可以进行收集或者弃掉。

（6）当公猪阴茎回缩，注意力分散，试图爬下假台畜时证明公猪射精结束。采精员辅助公猪爬下假台畜；小心弃掉覆盖在采精杯上的滤纸，放入垃圾箱内，注意不要污染。

（7）把采精杯放入保温箱或实验室内。如果使用塑料袋，将袋子从保温杯或绝热杯中取出放入干净的新杯子里，并盖上盖子。如果没有使用塑料袋，在保温杯或绝热杯上盖上干净的盖子，将公猪赶回栏内。

采精过程中如果公猪表现好，给予饲料或鸡蛋作为奖励。在采精过程中，不要碰阴茎体，否则阴茎将迅速缩回。采精过程中，手不与精液接触。采精完毕后，彻底清洗采精栏及假台畜。

手握法采精操作如图2-9所示。

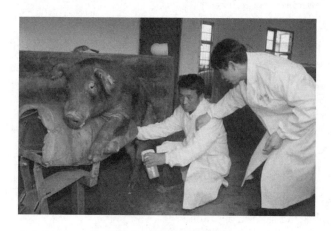

图 2-9　手握法采精操作

（二）猪精液的品质检查

精液品质检查的目的：鉴别精液品质是否合格，提高配种受胎率。

精液品质检查方法有外观检查、显微镜检查。

1. 猪精液的外观检查

从集精杯中取出精液进行外观检查，主要包括采精量、颜色、气味等。

（1）采精量　通常公猪的射精量为150~500mL，每次射出的精子总数为200亿~300亿个，生产中精液量一般用电子天平直接称量读出（公猪精液的密度为1.02g/mL，接近于1∶1，所以可按每1g精液的体积约为1mL来计算），通常情况下主要检查滤精量。

（2）色泽和气味　正常公猪精液的颜色是乳白色或灰白色，pH在6.8~7.8，呈弱碱性。精液颜色与精子密度的关系：颜色深，则精子密度大；颜色浅，则精子密度小；如色泽异常，说明生殖器官有疾病。精液为淡绿色是混有脓液，淡红色精液是混有血液，呈黄色精液为混有尿液，异常颜色的精液为不合格精液。正常精液有腥味，如有臭味不可用于输精，应废弃。

（3）混浊度（云雾状）　由于精子运动翻腾滚滚如云雾状，当精液混浊度越大，云雾越显著，精液呈乳白色，精子密度和活率越高。因此，据精液混浊度可估测精子密度和活率高低。

2. 猪精液显微镜指标检查

猪精液组成由精子和精清组成，精子由睾丸产生，精清由副性腺分泌。精子呈蝌蚪形，分头部、颈部（较脆弱，头与尾易断离）、尾部（分中段、主段、尾段，为精子运动器官）。精子的运动形式在显微镜下观察可见三种形式，即直线运动、圆圈运动、摆动运动，其中只有直线运动的精子具有受精能力，是有效精子。精子的形状如图 2-10 所示。

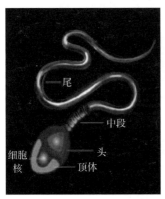
（1）精子的结构

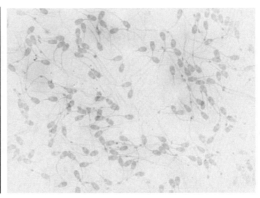
（2）精子的显微照片

图 2-10　精子的形状

（1）精子活率检测

①精子活率概念：指在显微镜视野下，做直线运动的精子数占精子总数的百分比。

②检测次数：采精后、稀释后、输精前各检测一次。

③检查方法：平板压片法，取 1mL 的原精滴在载玻片的中间位置，然后覆盖盖玻片，使精子均匀单层地分布在玻片之间，观察精液中精子的运动状态，要求好的精子呈直线前进运动，看不见尾巴摆动。这种方法相对准确，但要检查速度快，否则精子会发生死亡。也可进行悬滴检查法检查精子活率。检查在 37~38℃保温箱中进行，用 200~400 倍显微镜镜检。

④活力评定：十级一分制。应多检查几个视野。活力≥70%的精液才能被

使用，否则弃掉。第二次活力检测是在精液以 1∶1 稀释后，估算出做前进运动精子的百分率。

+++：快速直线运动，看不见尾巴摆动，无粘连或少量粘连；

++：直线运动，看见尾巴摆动；

+：精子原地打转；

-：死精。

（2）精子密度检查　精子密度指单位体积精液中所含的精子数量（个/mL）。精子密度是精液品质（每次射精的精子总数）评定的重要指标，关系到输精剂量中精子的总数。测定精子密度的方法有估测法和血球计数法、精子密度仪检查等。

①估测法：常与活力检查同时进行，用 200~400 倍显微镜检查。

密：精子与精子之间的距离明显小于一个精子的长度，密度>10 亿个/mL。

中：精子与精子之间的距离大约相当于一个精子的长度，密度为 2 亿~10 亿个/mL。

稀：精子与精子之间的距离明显大于一个精子的长度，密度为 1 亿~2 亿个/mL。

精子密度估测法如图 2-11 所示。

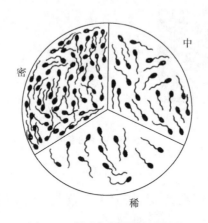

图 2-11　精子密度估测法示意图

②计数法：可准确测定精子密度。稀释液为 30g/L NaCl 溶液。

牛、羊：红细胞吸管，稀释 100~200 倍。

猪、马：白细胞吸管，稀释 10~20 倍。

计数室：高度 0.1mm，边长 1mm，为一个小方格。由 25 个中方格组成，每个中方格分为 16 个小方格。

计数室体积=1mm×1mm×0.1mm=0.1mm³

血细胞吸管：吸取原精液到刻度 0.5~1 处，再吸取 30g/L NaCl 溶液到刻度 11 或 101 处，则稀释倍数为 100 倍或 200 倍。白细胞吸管：操作与血细胞吸管相似，稀释倍数 10 倍或 20 倍。

滴片镜检：从吸管中挤出一小滴精液至盖玻片与计数板之间，则精液自然充满计数室。400 倍显微镜下镜检。

计数：计数 5 个中方格精子数，应有代表性。原则：计上不计下，计左不计右（以精子头部为准）。

计算：精子密度（个/mL）= 5 个中方格精子数×5×10（计数室容积为 0.1mm³）×1000×稀释倍数

③精子密度仪检查：可快速、高效检测精子密度，大型猪场或有条件猪场可采用。使用前应仔细阅读精子密度仪使用说明后再进行检查。

（3）精子畸形率检查

畸形精子种类：正常精子为蝌蚪状，凡是精子形态不正常的均为畸形精子。

畸形精子形成原因：精子生成受到破坏；副性腺、尿生殖道分泌物病理变化；精液处理不当等。

检查方法：

①原精液一滴、推片、自然干燥；

②96%酒精固定或 5%甲醛溶液固定 2~5min，水冲洗；

③染液（美蓝、甲紫或红蓝墨水）染色 2~5min，水冲洗；

④自然干燥后，置 400 倍显微镜下镜检；

⑤计数 200~500 个精子总数中的畸形精子数；

⑥计算精子畸形率。

合格精液精子畸形率标准是合格精液的精子畸形率≤18%。

（4）精子存活时间和存活指数检查　精子存活时间是指精子在体外的总生存时间，存活指数是指平均存活时间，表示精子活率下降速度。

检查方法：将稀释精液置于0℃或37℃间隔一定时间检查活率，直至无活动精子为止，所需的总小时数为存活时间；而相近两次检查的平均活率与间隔时间的积相加总和为生存指数。精子存活时间长，指数大，则精子生命力强，品质好。

（5）猪精液质量判定标准

①优：精液量 250mL 以上，精子活力 80% 以上，密度 3.0 亿个/mL 以上，畸形率 5% 以下，感观正常。

②良：精液量 150mL 以上，精子活力 70% 以上，密度 2.0 亿个/mL 以上，畸形率 10% 以下，感观正常。

③合格：精液量 100mL 以上，精子活力 70% 以上，密度 0.8 亿个/mL 以上，畸形率 18% 以下（夏季为 20%），感观正常（现场输精使用精子活力 0.7 以上合格，出场运输活力 0.8 以上合格）。

④不合格：精液量 100mL 以下，密度 0.8 亿个/mL 以下，精子活力 70% 以下，畸形率 18% 以上（夏季 20%），感观正常。这五项条件有一个条件符合即评为不合格。

（三）精液稀释与分装储存

稀释精液是指在精液中加入适宜精子存活并保持受精能力的稀释液，目的是为了增加精液量，扩大配种头数，延长精子存活时间，便于精液保存和长途运输。精子能直接吸收葡萄糖，减少自身的营养消耗，从而延长存活时间。另外，精液中副性腺分泌物对精子有不良影响，稀释后冲淡了分泌物的浓度，也有利于精子的存活。稀释精液首先要配制稀释液，然后用稀释液进行稀释。稀释液必须对精子无害，与精液渗透压相等，pH 是中性或微碱性。

1. 稀释液的种类及其配制要点

（1）稀释液的种类

①现用稀释液：适用采精后稀释立即输精用，目的是扩大精液量，以增加配种头数。现用稀释液一般以简单而等渗透压的糖类或奶类为主体。

②常温（15~20℃）保存稀释液：适用于精液短期保存，这类稀释液含有较低的 pH 和一定的抗生素。

③低温（0~5℃）保存稀释液：适用于精液较长时期保存用，稀释液中含卵黄或奶类为主体，可抗冷休克。

（2）稀释液的配制要点　稀释液遵循现用现配原则，要求配制稀释液时，释液使用的一切用具应洗涤干净、消毒，用前须经稀释液冲洗方能使用；所用蒸馏水或离子水要求新鲜，pH 呈中性；所用药品成分要纯净，称量准确，充分溶解，经过滤密封后进行消毒（隔水煮沸或蒸汽消毒 30min），加热应缓慢；使用奶类要新鲜，鲜奶要过滤后在水浴中灭菌（92~95℃）10min，并除去浮在上层的奶皮后方可使用；卵黄要取自新鲜鸡蛋，先将外壳洗净消毒，破壳后用吸管吸取纯净卵黄。在室温下加入稀释液，充分混合使用；添加抗生素、酶类和维生素等，必须在稀释液冷至室温条件下，按用量准确加入。氨苯磺胺应先溶于少量蒸馏水，单独加热到 80℃，溶解后再加入稀释液中。

国外常用稀释液的主要成分为葡萄糖、柠檬酸钠、碳酸氢钠、乙二胺四乙酸（EDTA）、氯化钾等。目前还有一些市售的商品稀释剂，效果较好，使用方便，对养猪场和广大农户均可以适用。

2. 精液稀释

稀释倍数＝（采精量×密度×活力)/每瓶中所含有效精子数

现场输精有效精子数含量规定为：子宫颈输精 30 亿～40 亿个/瓶，深宫输精 20 亿～25 亿个/瓶。精液稀释倍数应根据原精液的品质、需配母猪头数，以及是否需要运输和贮存而定。最大稀释倍数：密度为密级、精子活力 80% 以上可稀释 2 倍；密度为中级、精子活力 80% 以上或密级、精子活力 60%～70%，可处理成 0.5～1 倍；精子活力不足 60% 的任何密度级的精液，均不宜保存和稀释，只能随取随用。

稀释液体积：（稀释倍数×每份体积）－原精液体积。

稀释方法：取出稀释液后，用温度计分别测量稀释液与精液的温度，当两者之间的温差在±1℃内时，可将稀释液按照与精液 1∶1 的量沿着玻璃棒注入精液中，通过来回摇动或轻轻地旋转，慢慢地将精液与稀释液混匀。混合均匀后进行第二次精子活力检查。如果没问题，可将剩余的稀释液注入精液中并混匀，混合后静置 10min 后开始分装。

3. 精液分装储存

为了延长精子的存活时间，扩大精液的使用范围，同时便于长途运输，对精液进行必要的处理，并将其储存待用，即精液保存。

（1）精液保存温度 精液保存方法有常温（15～25℃）保存、低温（0～5℃）保存和冷冻（－196～－79℃）保存 3 种。前两种在 0℃ 以上保存，以液态短期保存，故称液态保存；后者为冻结长期保存，故称冷冻保存。目前普遍采用的是常温保存。

将精液保存在一定变动幅度（15～25℃）的室温下，称为常温保存或室温保存。主要是利用一定范围的酸性环境抑制精子的活动，减少其能量消耗，使精子保持在可逆性的静止状态而不丧失受精能力。猪全份精液在 15～20℃ 保存效果最佳。通常采用隔水降温方法保存，将贮精瓶直接置放在室内、地窖和自来水中保存。一般地下水、自来水和河水的温度在这个范围，可用作循环流动控制恒温，保存精液，实践证明效果良好，设备简单。

精液低温保存是在抗冷剂的保护下，防止精子冷休克，缓慢降温到 0～5℃ 保存，从 30℃ 降至 0～5℃，每分钟下降 0.2℃ 为好，用 1～2h 完成降温过程。利用低温降低精子代谢和能量消耗，抑制微生物生长，同时加入必要营养和其他成分，并隔绝空气，达到延长精子存活的目的。低温保存时可用较厚的棉花纱布包裹紧精液瓶，置于一容器中片刻，再移入冰箱，也可用广口保温瓶装冰块保存精液，或吊入水井深处保存。

猪的冷冻精液人工授精从 20 世纪 50 年代开始，进展很慢。据 1985 年统计，在人工授精的母猪中，冻配精液的比例在 0.5% 以下，估计每年冷配 2.6

万多头次，冷配的产仔率一般为（55±5）％。我国猪的冻精研究起步较晚，进入 20 世纪 80 年代后进展加快。但总的来说，猪精液冷冻后的受胎率还比较低，产仔数较少，生产成本高，冷冻效果差异大，故国内外均未能广泛应用于生产，还需从多方面作深入的研究。

（2）精液分装　取出预热好的量桶在里面衬上塑料袋；缓慢地将精液倒入量桶；将虹吸管（自动分装机）放入稀释好的精液中；将精液按每头份所需体积装到包装容器中。如果要手动分装，注意将精液沿着包装容器注入，并排出空气后盖上盖子或封口。要最大限度装满瓶，瓶口盖严不留空气，防止由于分装瓶中气泡搅动造成精子头尾断裂而死亡。精液分装如图 2-12 所示。

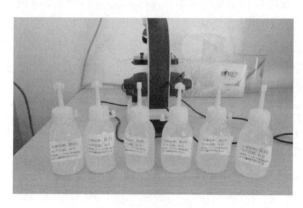

图 2-12　精液分装

（3）记录　在精液记录本上记录精液的相关信息，在精液包装袋上贴上预先准备好的标签，标签上有公猪耳号、品系、日期、精液代号。

（4）冷却储存　制作完成后将精液自然冷却到室温，然后用毛巾覆盖并放到 17℃的恒温冰箱进行储存。

（5）卫生整理　整理实验室的所有设备设施、清理卫生、消毒等。

4. 储存精液的检查

（1）每批精液需要保留一份用来检查，然后做上记号作为检查样品。

（2）检查冰箱的温度，在精液储存表上记录冰箱内的最高温度和最低温度。检查储存精液的采精日期，如果精液储存时间已经超过稀释液的使用时间应该弃掉这批精液，并记录精液的数量。

（3）旋转、翻动或上下颠倒所有的储存精液，使精子与稀释液进行充分接触。根据所需精液的头份，选择先采的精液先用。

（4）在每批精液中各取一袋作为检测样本。从精液袋中倒一小部分精液（约 2mL）置于"U"形管中，放在水浴锅中预热到 35℃，将整个瓶、管或小袋预热到 37℃。

如果精液预热到 37℃ 时，用预热好的移液枪和一次性枪头从测试管中或直接从预热的精液袋中取出 1 滴放在预热好的载玻片上，然后盖上预热好的盖玻片。在 100 倍或 200 倍显微镜下检查精液，估算直线运动精子所占百分比。

（5）如果每批精液连续两次检查精子活力低于 70%，则弃掉本批这个品种的精液，并在精液记录本上记录检查结果。

（6）在精液储存表上记录检查人员姓名及时间等。

五、精液运输

精液运输是扩大优良种公猪利用率，加速猪种改良，保证人工授精顺利进行的必要环节。在运输精液时，其条件应与精液保存条件一致，外界气温在 10℃ 以下或 20℃ 以上时，要用广口保温瓶运输，保持精液适宜温度。运输时间要尽可能缩短，不宜超过 48h。在运输过程中要避免振荡，保持温度在 10~20℃。

（一）公猪健康检查

很多疾病可通过精液传播，所以提供精液的猪场在计划运输或售卖精液前要对公猪进行严格的健康检查，以确保配套场或客户场的生物安全。

猪只健康检查主要是由兽医根据当地的流行疾病以及客户场的需求制定。具体按猪场疾控处最新的疫病监测方案采样、检测等，检测合格的公猪才能使用。

每月进行一次精液微生物检测，选取原精和稀释后的精液各 4 份、稀释液 1 份、蒸馏水（稀释用水）1 份。稀释后的精液无细菌。

（二）运输前准备

根据精液需求表，确定采精的时间，精液的数量和精液的品种及品系。

按照标准操作流程制作精液，注意对稀释粉要多次进行有效期的评估，然后根据运输距离及时间等确定选择哪种稀释粉，保证人工授精的精液每瓶中所含有效精子数为 30 亿~40 亿个，每头份分装 80~90mL。

在精液容器（瓶）上贴上标签（含耳号、采精日期）或者条形码。复制精液记录表。公猪精子畸形率低于 20%、精子活力不低于 80% 才能出场运输。现场输精活力标准为不低于 70%。

（三）精液运输操作

1. 精液的包装

在泡沫箱底部放上一层冰袋，保证箱内维持17℃，上面放上精液，并将冰袋与精液用硬纸板等物品隔开，最上端放上温度计和精液售卖清单，清单上标注装箱的时间。在泡沫箱上注明目的地及接收人姓名和电话。

2. 交付运输

不论是选择哪种运输方式，发货人都要核实运输单上收件人姓名、电话，向运输单位确认预计到货时间，并将发货信息，运输单位联系方式，货物预计到货时间第一时间发送给收货人，并要求收货人收货反馈给发货人信息"货物收到"。发货人在预计到货后如果没有收到收货人反馈信息，要第一时间联系收货人，确认货物情况。

（四）精液的接收

收货人在接收到精液后立即将精液运输到猪场，并在猪场门卫处对精液箱进行消毒处理。

检查泡沫箱有无损坏，检查箱内的温度是否恒定或符合17℃温度，核对精液的品种品系、数量、采精时间预运输时间等。

检查核对后，立即将精液放在17℃的恒温箱内，翻转精液，然后按照品种选取样品，加热到37℃，显微镜下检查精子活力。精液活力检查如果不合格，立刻将检测结果反馈给供精猪场。

精液各项检查合格后，可按要求储存，收到的精液应在有效期内用完。

（五）精液的需求计划

供精场根据精液运输时间，要求精液的需求猪场或公司提前提交精液需求表单，并在精液配送前再次确认配送的相关事宜。

实操训练

实训一　种公猪的外貌鉴定

（一）技能目标

通过观看幻灯片或录像片，结合讲授内容进行现场实训，掌握种公猪的外貌鉴定的程序和方法。

（二）实训条件

多媒体教室、各种常见猪种的彩色幻灯片，猪品种的光盘或常见品种的录像带，规模化猪场。

（三）实训内容

1. 观看不同品种公猪的幻灯片和图片

（1）在实验室观看主要地方品种、培育品种和引入品种猪的幻灯片，并通过实验教师的讲解，学生对各主要品种猪的外貌特征和生产性能达到初步的直观了解和掌握。

（2）组织安排学生到规模化猪场进行实地观察不同品种种公猪的外貌特征，对不同品种的种公猪外貌进行识别。

2. 种公猪的外貌鉴定

体型外貌不仅反映出猪的经济类型和品种特征，而且还在一定程度上反映猪的生长发育、生产性能、健康状况和对外界环境的适应能力，在外貌鉴定时常采用评分鉴定法。

（1）注意事项

①首先应明确鉴定目标，熟悉该品种应具有的外貌特征，使头脑中有一个理想的标准。

②鉴定人应与猪保持适当的距离，以便于先观察猪的整体外貌，看其体形各个部分结构是否协调匀称，体格是否健壮，然后才有重点地观察鉴定的各部位。

③有比较才有鉴别，鉴定时要对照同一品种不同种猪的个体进行比较鉴别。

④鉴定时，要求猪只体况适中，站立在平坦的地面上，猪头颈和四肢保持自然平直的站立姿势。

（2）种公猪鉴定的方法和程序

①按品种特征、体质、外貌进行总体鉴定

品种特征：该品种的基本特征如体型、头型、耳型和毛色等特征是否明显，尤其是看是否符合该品种生产方向要求的体型和生长发育的基本要求。

体质：是否结实，肢蹄是否健壮，动作是否灵活，各部位结构是否匀称、紧凑，发育是否良好。

性别特征：主要看种猪的性别特征是否表现明显，公猪的雄性特征如睾丸发育及包皮的形状和大小、公猪的乳头数，有无其他遗传疾病等。

②各部位的鉴定　经总体鉴定基本合格后，再做各部位鉴定。

从侧面观察：头长、体长，背腹线是否平直或背线稍拱，前、中、后躯比例及其结合是否良好，腿臀发育状况，体侧是否平整，乳头的数目、形状及排列情况，前后肢的姿势和行动时是否自如等。

从前面观察：耳型、额宽及体躯的宽度（包括胸宽、肋骨开张度、背腰宽等），前肢站立姿势及距离的宽度等。

从后面观察：腿臀发育（宽、深度）、背腰宽度、后肢姿势和宽度、公猪睾丸发育等。

然后转到侧面复查一下，再根据综合总体和各部位的鉴定情况，给予外貌评分，评定等级。

（四）实训报告

根据学习和观察种公猪现场鉴定的情况（表2-2），完成种公猪外貌鉴定的实训报告。

表2-2　理想瘦肉型种猪的体型与一般肉猪的体型比较

项目	理想瘦肉型体型	一般肉猪体型
头颈	头颈轻秀，下额整齐	颈过短或过长，下额过垂
肩	平整	粗糙
背腹部	背平或稍拱，腹线整齐	背腹线不整齐
四肢	中等长	卧系、腿过短或过长
臀腿	肌肉丰满，尾根高	薄的大腿、尾根低、斜尻
躯体	长、宽、深都适中	体侧深、体躯较薄

实训二　种公猪的采精与精液处理

（一）实训目标

掌握种公猪的采精技术及精液处理（精液品质检查、稀释、输精和保存）。

（二）实训条件

高压蒸气消毒器、乳胶手套、集精杯、显微镜、一次性输精管、过滤纸、集精袋、分装瓶、假台畜、种公猪、采精室、精液品质检查实验室等。

（三）实训内容

（1）采精。
（2）精液品质检查。
（3）精液稀释。
（4）精液分装。
（5）精液保存。

（四）实训报告

根据实际操作过程写出采精与精液处理实训报告。

拓展知识

知识点一 内三元与外三元杂交猪

内三元杂交猪，就是三个杂交亲本中的第一个母本品种是地方猪种或我国的培育猪种，然后通过三元杂交方式生产的商品杂交猪。内三元一般的杂交方式多采取以长白猪或大约克夏猪为第一父本，与地方母猪交配，再以杜洛克猪为第二父本，与一代杂种母猪进行第二次交配。内三元杂交可以充分发挥我国地方良种猪繁殖性能好的特点，并且地方良种适应当地自然社会经济条件，包括其杂种后代比较好养，推广容易。内三元杂交商品瘦肉猪的胴体瘦肉率一般都超不过56%。

外三元杂交猪，就是三个杂交亲本均为国外引入瘦肉型品种，杂交方式为三元杂交。长白猪和大白猪繁殖性能好，通常用于第一轮杂交，并且可以互为父母本，而以杜洛克猪为第二父本，生产杜长大三元杂交商品瘦肉猪。外三元商品肉猪生长速度快、饲料效率高、胴体瘦肉率高达60%以上，有很好的市场竞争力。但外三元杂交猪要求较高的饲养管理条件，在低营养水平下，其高产性能难以充分发挥。

此外，二元杂交猪生产中，通常可采取长本（或大本）杂交模式。即用地方良种母猪与大白猪或长白公猪进行二元杂交所生产的杂交猪。特点：其杂交方式简便，一般日增重500~600g，饲料转化率3.8~4.1，达90kg体重日龄210~240d，胴体瘦肉率50%左右。一般适合广大农村饲养。

知识点二　种公猪的生殖器官

种公猪生殖器官由性腺（睾丸）、输精管道（附睾、输精管、尿生殖道）、副性腺（精囊腺、前列腺、尿道球腺）、外生殖器及附属部分（阴茎、包皮、阴囊）4 部分组成，如图 2-13 所示。

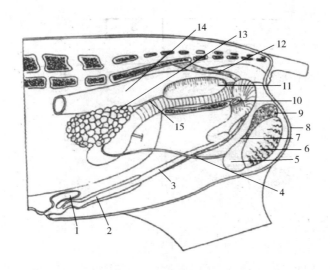

图 2-13　种公猪的生殖器官

1—包皮憩室　2—阴茎游离部　3—阴茎　4—输精管　5—附睾头部　6—睾丸
7—附睾体部　8—阴囊　9—附睾尾部　10—阴茎角　11—尿道球腺
12—后阴茎肌　13—精囊腺　14—直肠　15—前列腺

1. 睾丸

公猪睾丸位于公猪会阴区阴囊内，左右各一，呈长卵圆形。公猪睾丸由精细管和间质组织构成，从外到内分为浆膜、白膜、睾丸纵隔、睾丸中隔、睾丸小叶（由 2~3 条曲精细管组成）、直精细管、睾丸网、睾丸输出管、管间质组织。精细管管壁由外向内分为结缔组织纤维、基膜、复层生殖上皮，其中复层生殖上皮由生精细胞、支持细胞（可对生精细胞提供营养）。睾丸精细管间质细胞可分泌雄激素。

公猪睾丸的生殖功能主要是产生精子和分泌雄激素。

绝育对非种用公猪或淘汰公猪的管理、改善公猪肉质作用大。

公猪阴囊为柔软、有弹性的袋状皮肤囊。阴囊的作用：一是容纳、保护睾丸和附睾；二是调节温度，以利于精子的发育、成熟、保存。阴囊位置紧靠两股间的会阴区，且皮肤的伸缩力低于其他家畜。因此，睾丸位置更靠近腹部，在气温高的季节，不利于调节睾丸的温度。

公猪隐睾是指公猪性成熟后，公猪一侧或两侧睾丸位于腹腔或腹股沟管内，未下降至阴囊。这种公猪不能作种用，因此在公猪选种中应注意淘汰隐睾公猪。

2. 附睾

公猪附睾为附着于睾丸的附着缘，分头、体、尾三部分。附睾的主要生理功能：一是附睾为精子最后成熟的地方；二是附睾是精子贮存的场所。附睾中的精子贮存 60d 仍具有一定的受精力。附睾中精子能存活的原因主要是：附睾管分泌物为精子提供营养；附睾分泌液的 pH 为弱酸性，可抑制精子活动；附睾分泌液渗透压高，使精子脱水，限制其运动；由于阴囊作用，附睾内温度低，使精子呈休眠状态。此外，附睾还具有吸收水分、浓缩精子、运输精子的作用。

猪精子在附睾中储存过久，则精子质量下降。长期未配种的公猪第一次采精获得的精液质量差，不能用于人工授精。配种过于频繁，则精液质量下降，采精或自然交配应保持适宜的频率。

3. 输精管

猪输精管肌肉层较厚，交配时收缩力较强，射精时精子持续不断由附睾尾收缩挤压直接进入尿生殖道。猪输精管则没有壶腹部。

4. 副性腺

猪的副性腺比其他家畜都发达，尤以精囊腺和尿道球腺最为发达。猪射精量远远高于其他动物。猪副性腺分泌液主要功能：一是可冲洗尿生殖道，防止尿液对精子产生危害；二是作为精子的天然稀释液，副性腺分泌液中的果糖可为精子提供能量来源，具有供能作用，分泌液中的柠檬酸盐、磷酸盐等，可缓冲保护精子；三是活化精子，改变精子休眠状态；四是帮助推送、运输精子；五是猪副性腺分泌液可形成胶体状凝固物，自然交配时防止精液倒流（人工采精时应在集精杯杯口覆盖 2~4 层纱布或滤纸，将胶体状凝固物除去）。

5. 尿生殖道

尿生殖道是精液和尿液共同排出管道。

6. 阴茎与包皮

阴茎是公猪的交配器官。

包皮对阴茎起保护作用。公猪包皮腔特长，且背侧有盲囊，称为包皮憩室。包皮憩室常常聚集带异味的浓稠液体，是精液的重要污染源。采精时有可能污染精液。

知识点三　影响精子生存的外界因素

某些外界因素可增强精子活力，使精子代谢增强、成活时间缩短；某些因素可抑制精子活力，使精子代谢减弱、成活时间延长。影响精子生存的外界因素主要有以下几项。

（一）温度

1. 高温

高温能加速精子的运动，精子能量消耗增大，存活时间缩短。精子能忍受的最高温度约为45℃。

2. 低温（0~5℃）

低温能抑制精子运动，减少能量消耗，延长精子存活时间。但低温保存精液时对精子的运动有可能出现不可逆转的抑制，应防止冷应激的发生。预防冷应激的方法：降温应缓慢进行；加入卵黄、乳液、甘油等保护剂。

3. 超低温

冷冻精液保存，冷源为液氮（-196℃），精子可长期保存。预防措施：快速降温的冷冻程序；稀释液中添加甘油、二甲亚砜（DMSO）、抗冻保护剂；冷冻前平衡；迅速解冻。

（二）光线和辐射

光线和辐射可影响精子的体外存活。精液品质检查、稀释、分装等应在舍内进行，防止阳光直射。

（三）渗透压

高渗溶液、低渗溶液稀释精液，能影响精子生存，严重时引起精子死亡。稀释精液的稀释液应是等渗溶液。

（四）pH

弱酸环境有利于精子成活，但应防止不可逆的抑制；弱碱环境不利于精子保存。

（五）化学药品

消毒剂可杀死精子，但磺胺类、抗生素类对精子无害。

（六）稀释

稀释不当能降低精子活率，出现稀释应激。故稀释精液时应按照稀释规程操作，防止出现稀释应激。稀释精液后应立即检查精子活率。

知识点四　公猪精液稀释液的成分与精液稀释粉

精液稀释是指在精液中加入适宜于精子生存并保持受精力的稀释液。稀释的目的：扩大精液容量，提高一次采精量的可配母畜头数；补充精子所需营养素，抑制精液中有害微生物活动，便于精子保存与运输。稀释液的主要成分与作用包括以下几项。

（一）稀释剂

稀释剂的主要作用是扩大精液容量。稀释剂必须与精液具有相同的渗透压。常用的稀释剂主要有等渗食盐液、葡萄糖液、奶类等。

（二）营养剂

营养剂的作用是为精子体外存活提供营养，补充精子所需能量。主要的营养剂有：

（1）糖类　如葡萄糖、果糖、蔗糖等。

（2）奶类　如鲜乳、乳粉等。

（3）卵黄　常用新鲜鸡蛋卵黄。

（三）保护剂

保护剂在精液保存过程中对精子起保护作用。主要的保护剂有以下几类。

1. 缓冲保护剂

缓冲保护剂作用是平衡精液酸碱度，防止酸中毒。常用保护剂有柠檬酸钠、酒石酸钾、磷酸二氢钾、三羟甲基氨基甲烷等。

2. 非电解质保护剂

非电解质保护剂的主要作用是降低精液中电解质浓度，延长精子体外成活时间。常用非电解质或弱电解质，如各种糖类、氨基乙酸。

3. 防止冷应激保护剂

防止冷应激保护剂的作用是防止冷应激。冷应激是指精液从30℃急剧降至0~5℃，由于冷刺激造成精子丧失活力。防止冷应激保护剂主要有卵磷脂、奶类、卵黄等。此外，精液从30℃降至0~5℃应注意缓慢降温。

4. 抗冻保护剂

精液冷冻过程中，从液态转变为固态，造成精子死亡，抗冻保护剂的作用降低冷冻对精子的危害。常用的抗冻保护剂有甘油、二甲基亚砜。

5. 抗菌保护剂

抗菌保护剂的作用是抑制微生物繁殖，防止精液保存过程中被微生物污染，避免母畜生殖道疾病。常用的抗菌保护剂有青霉素、链霉素等。

（四）其他添加剂

1. 激素类

激素类可促进母畜子宫、输卵管蠕动，有利于精子运行。如催产素、前列腺素等。

2. 维生素类

维生素类可促进精子活力，提高受胎率。如维生素 B_1、维生素 B_2、维生素 B_{12}、维生素 C、维生素 E。

3. 酶类

酶类提高精子活力、促进精子获能等。如过氧乙酸酶、β-淀粉酶等。

4. 公猪精液稀释粉

为了对猪精液进行有效保存、运输和扩大精液使用范围，向采得的精液中添加的一定数量的、按特定配方配制的、适宜于精子存活并保持精子受精能力的化学物质。稀释粉按照使用说明书的配制方法加入一定容量的蒸馏水溶解后即为精液稀释液。

项目思考

1. 种公猪选种的性状有哪些？种公猪选种上有什么要求？
2. 做好种公猪的饲养管理的主要措施有哪些？
3. 怎样对种公猪进行采精调教？
4. 种公猪手握法采精的操作要点有哪些？
5. 简述种公猪精液品质检查的主要指标与标准。
6. 公猪精液稀释与保存的技术要点有哪些？
7. 怎样进行种公猪精液的运输？

项目三　配怀舍管理

1. 最大限度地提高后备母猪的选育率，发挥最佳的生产性能。
2. 准确判定母猪的发情。
3. 加强空怀母猪的饲养管理，做好营养搭配，提高母猪群的使用年限；配种时达到良好体况。
4. 控制好精液质量，做好精液保存措施，防止污染。
5. 正确操作人工授精。

饲养目标

配怀舍是规模化猪场生产管理的源头，是猪场的未来，这就需要不断加强巩固配怀舍的各项生产管理，包括技术层面、人员管理层面、生产数据层面的管理，能够准确判定母猪的发情阶段，提高人工授精成功率，尽早判断母猪的妊娠状况，及时对未妊娠母猪做出正确处理，进行严格的精细化饲养管理，更好地发掘母猪的生产潜力，为猪场创造更大的价值。

必备知识

配怀舍作为整个猪场生产主要环节，直接关系到猪场生产能力，决定着该猪场仔猪的产量和质量，关系到猪场出栏能力，最终直接影响着猪场的效益。配怀舍生产主要包括两种情况，一种是初情期至初次配种的后备母猪的生产管理，另一种是仔猪断奶后至再次配种的经产母猪的生产管理。控制好母猪膘情，保障母猪及时发情并尽可能多的排卵是发情鉴定的前提，精液品质的检查及对精液的保存是提高受胎率的关键，输精操作的正确性是提高受胎率的保证。所以做好发情鉴定、精液品质的检测，以及正确的输精是保证母猪高质量受胎的关键所在。这个时期工作流程烦琐，操作技能复杂，只有充分掌握和理解配怀舍生产管理的目标，才能更好地执行各项标准操作流程，做好日常生产管理工作，达到预期的生产目标。

一、配怀舍技术指标和目标原则

（一）技术指标和目标原则

配怀舍生产管理原则是以提高母猪利用率为核心，不断提高母猪的配种分娩率、降低非生产时间、提供窝均产仔数，为猪场提高每头母猪每年所能提供的断奶仔猪头数（PSY）及每年每头母猪出栏肥猪头数（MSY），获得最佳的生产成绩和经济效益打下坚实的基础（表3-1）。

表 3-1　配怀舍生产管理目标标准

生产指标	参考标准
配种分娩率	≥92%
年产胎次	≥2.4 胎
年产仔数/头母猪	≥22 头
非生产时间（每头母猪年平均）	≤30d
窝均活仔数*	纯种≥11 头/窝
	二元≥13 头/窝

* 不同猪场由于品种、环境、营养的区别，窝均产活仔数的目标可能存在差异。

（二）正确的培育后备母猪

现代化养殖中，由于母猪产后未能发情，妊娠繁殖性能较低，蹄肢健康状况较差，或者是引入了新的品种，使猪场每年有 30%～45% 的繁育母猪被淘汰，就这需要补充大量的后备母猪进入基础母猪群中，因此，培育出繁殖力高的后备母猪，对提高母猪养殖效益和猪场经济效益有着重要的作用。

后备母猪要符合该品种特性，能正常地发情、排卵、配种。外阴大小适中，下垂，有效乳头6对以上、肚脐以前的乳头有3对以上，沿腹中线两侧排列整齐，后躯较丰满。后备母猪要能够产出数量多、质量好的仔猪，能够哺育好全窝仔猪，骨架结构好、四肢健壮、无肢蹄病，在背膘和生长速度上具有良好的遗传素质。

如果遇到下列情形之一应及时淘汰：

（1）产仔数低于7头。

（2）连续两胎少乳或无乳（营养、管理正常情况下）。

（3）断奶后两个情期不能发情配种。

（4）食仔或咬人。

（5）患有国家明令禁止的传染病或难以治愈和治疗意义不大的其他疾病（如口蹄疫、猪繁殖-呼吸障碍综合征、圆环病毒病等）。

（6）肢蹄损伤。

（7）后代有畸形（如疝气、隐睾、脑水肿等）。

（8）母性差。

（9）体型过大，行动不灵活，压、踩仔猪。

（10）后代的生长速度和胴体品质指标均低于猪群平均值。

生产实践上，一般最后一次淘汰所剩预留母猪数量应超过年淘汰母猪数量10%左右，便于增加选择概率，防止空缺。

（三）准确的发情检查

后备母猪初次发情症状不明显，持续时间较短，配种前一定要认真观察母猪是否发情，并做好记录以便于安排母猪配种，如果不仔细观察非常容易漏配，错过发情期，将导致生产周期延长、生产成本增高。

（四）早期妊娠诊断

及时进行妊娠和返情检查，可以尽早检出空怀母猪，及时补配，防止空怀。这对于保胎，缩短胎次间隔，提高繁殖力和经济效益具有重要意义。在第一个发情期18~24d时，必须每天两次使用公猪查返情，一直查到妊娠50d为止。在妊娠期28~35d，与50d，至少进行两次B超孕检，部位要准确（母猪下腹部一侧，后腿前50mm，乳头线以上25mm，向前倾45°，向侧倾45°），操作要规范。

（五）合适的饲喂计划

对于初产母猪或哺乳期配种母猪，一般采用"步步登高"的饲喂方法。因为初产母猪本身还处在生产发育阶段，营养要量较大，因此在整个妊娠期间的营养水平，要根据胎儿体重的增长而逐步提高，到分娩前一个月达到最高峰，饲喂方式一般在妊娠初期以青粗料为主，以后逐渐增加精料比例，并且加蛋白质和矿物质饲料，到产前3~5d日粮减少10%~20%。

对配种前体况良好的经产母猪，一般采用"前粗后精"的饲喂方法。因为妊娠初期胎儿很小，加之母猪膘情良好，60d 前可喂一般水平，自 60d 后再提高营养加精料比例，因胎儿体重加快，营养光靠母体已不足以供给。

对于断奶后体瘦的经产母猪，一般采用"抓两头顾中间"的饲喂方法。因为母猪经过一个哺乳期之后，体力消耗很大。在配种妊娠初期就加强饲养，使它迅速恢复到繁殖体况，所需的时间为 20~30d，加喂精料，此时进入妊娠合成代谢期，只要饲养好，恢复膘情很快，要多喂一些含高蛋白的饲料，待体况好转达到一定程度时再喂一些青、粗饲料按饲养标准饲喂即可、直到妊娠 80d后再加喂精料，这样形成了"高—低—高"的营养水平。

（六）正确记录

认真记录环境条件、采食饮水、免疫、消毒、发情、配种和转群等情况，填写后备母猪登记卡（表 3-2）、猪舍配种记录卡（表 3-3），并核对信息以保证准确性。

表 3-2　后备母猪登记卡

日期	转入后备母猪数	首次与公猪接触日期	第一次发情日期	第二次发情日期	配种日期	与配公猪		后备母猪淘汰		备注
						1	2	淘汰日期	淘汰原因	

表 3-3　猪舍配种记录卡

母猪耳号	与配公猪耳号			断奶日期	第一次配种日期	第二次配种日期	第三次配种日期	预产期	配种后 30 天妊娠检查	备注
	1	2	3							

二、配怀舍环境自动化控制系统

查看猪舍温度、判断是否符合（GB/T 17824.3—2008）《规模猪场环境参数及环境管理》，感受舍内空气质量，检查有无异常情况，如风机停止运转、猪只跳栏、照明灯损坏、水管破损等，若有异常第一时间处理。猪舍环境温度不符合《规模猪场环境参数及环境管理》，按《规模猪场环境参数及环境管理》重新设定。

（一）环境要求

要求舍内温度 15～20℃，最高不超过 27℃，最低不低于 13℃。相对湿度 60%～70%，最高不超过 85%，最低不低于 50%，密闭式采暖设备的猪舍，其适宜的相对湿度要低 5%～8%。

冬季最大通风量 0.30m³/(h·kg)，风速 0.3m/s；夏季适宜通风量 0.6m³/(h·kg)，风速 1.0m/s；春秋季保证通风量 0.45m³/(h·kg)。猪舍空气中的氨（NH_3）不超过 25mg/m³、硫化氢（H_2S）不超过 10mg/m³、二氧化碳（CO_2）不超过 1500mg/m³、细菌总数不超过 6 万个/m³、粉尘不超过 1.5mg/m³。

自然采光时，窗地比为 1∶15～1∶12，辅助照明光照度 50～75lx，人工照明时光照度 50～100lx，光照时间 10～20h。噪声不超过 80dB。

（二）自动环境控制系统

自动环境控制系统包括以下五部分：

（1）信息采集系统　使用二氧化碳、氨气、硫化氢、空气温湿度、光照度、气压、噪声、粉尘等各类传感器，采集信息参数。

（2）无线传输系统　可远程无线传输采集数据。

（3）自动控制系统　包括天窗、水帘、风机。

（4）视频监控系统　查看猪舍内猪的成长生活状况，密切关注疫情的发生、防治。

（5）软件平台　远程数据实时查看参数和自动控制功能，各类报警功能，进入智能专家系统功能。

通过自动环境控制系统，实现养殖舍内环境（包括光照度、温度、湿度等）的集中、远程、联动控制。当猪舍内照度、温度不在正常设定范围时，可远程控制开启或关闭天窗获取光照与温度，也可实时风机散热；当湿度不够时，则可打开水帘，增加湿度。

三、配怀舍工作程序和种猪体况检测

（一）紧急检查

检查异常情况及对人和猪潜在的安全隐患，如燃烧的气味、可见的烟雾等。出现死亡或重病猪只，确认出现了较大的事件，应立即向上级汇报并执行相关的紧急程序。

（二）日工作程序（表3-4）

表3-4 每日作业流程及活动

序号	项目	工作内容	标准
上午			
1	巡栏	查看猪群整体情况，处理紧急事件	目光在每头母猪上保持停留2~3s，一栋猪舍10min左右
2	检查环境控制设备	检查环境控制设备运行是否正常并做相应的调整。观察室内温度湿度，空气质量并记录	近距离检查大型环境控制设备
3	清扫料槽	放干料槽中的水，并清理干净	时间不超过10min
4	喂料	视体况阶段定时定量开启自动喂料系统投料	检查是否有滞留饲料未下的情况
5	清扫粪便	以最快的速度将栏内粪便扫入过道半漏缝栏，或将粪便扫入粪池全漏缝，检查是否有发情、消化道异常等情况，做出标记	要求栏舍卫生干净干燥，整洁。时间控制在20min左右
6	清扫走道饲料	将未被污染的饲料捡拾投喂为猪只	走道清洁不积水
7	观察采食情况	观察猪只的采食情况，并记录	对采食异常的母猪在投料器上做微调
8	清理料槽	将未吃完的饲料清扫集中投喂其他猪只	以饲喂瘦弱母猪为佳
9	给水	先清理料槽，堵塞出水孔，再给水。自动饮水装置，无须人工给水	控制水槽最高处的水位，以母猪够喝即可
10	检查发情母猪	对断奶、空怀母猪做快速查情。待配母猪，人工配种	上午发情及需要配种的母猪要全部查出
11	配种	按操作规程输精配种，并做好记录	严格操作
12	调栏	将所有发情待配母猪调至配种栏。发情后备母猪转至发情后备区域	配种后按配种时间在妊娠定位栏编组排列
13	检查猪群与防治护理	发现问题猪只及时护理和治疗，如有疑难，及时报告上级	及时发现所有病猪，轻重病症都要跟踪治疗
14	妊娠检查	注意配种后一到两个情期的母猪饲养员喂料、打扫卫生时顺带检查一次，主管赶公猪例行检查一次	返情猪尽量在第一情期及时发现

续表

序号	项目	工作内容	标准
上午			
15	断奶、空怀母猪促情	将断奶、空怀母猪集中饲养，赶入公猪与母猪口鼻接触，保证时间，使每头母猪都能直接接触到公猪，做好查情促情工作	上下午不少于1h，是主管的重点工作
16	定期有效消毒	做好有效消毒工作，更换消毒池、桶的消毒药水	消毒药水与用水都要定量计算，保证有效浓度
17	疫苗注射	协助兽医免疫注射，注意观察免疫后的情况	做到有效注射，并报告免疫后情况
18	设备实施检修	停下手中一切工作，检修饮水系统和环境控制设备	保证设备及饮水系统正常
19	给水补充	给饮用水不足的母猪料槽加水，在确保母猪饮水量的同时不浪费水	按需供给
20	清理环境卫生	物品摆放井然有序。环境卫生干净干燥	整洁
21	检查环境控制设备	检查环境控制设备运行是否正常并作相应调整观察室内温度湿度，空气质量并记录	炎热季节及封闭式栏舍需全天监管
下午			
22	重复做好序号1~15项、18~19项的工作		同21
23	母猪档案管理	及时准确记录补充耳标与繁殖卡	定期及转群前检查，发现遗漏及时补牌
24	重复做好序号20~21项的工作		
25	工作小结	填写报表，小计当天工作，制定次日工作计划	
26	对特殊或重症病例母猪应有夜间巡视		

（三）周工作程序（表3-5）

表3-5 每周作业流程及活动

时间	工作要点
第一天	剔除淘汰猪：生产记录中性能表现较差的母猪，四肢及全身疾患难以康复的猪，两次以上流产、三次返情、两次阴道炎（子宫炎）的猪，后备母猪阴户发育不良、体型和生产性能较差的应予以淘汰，对于老龄、生产水平下降的母猪应有计划地淘汰。领用一周的药品和用具

续表

时间	工作要点
第二天	更换消毒池、盆的液体。 转猪：将产前一周妊娠母猪转至分娩舍。 调整猪群，整理返情、空怀母猪，填补空栏，为断乳母猪转入做准备
第三天	大扫除：清扫猪舍墙壁、天花板、风扇及其他设备；大消毒。 驱虫：用左旋咪唑或阿维菌素为产前4周的母猪驱虫。 根据免疫程序，给产前4周左右的母猪注射应注疫苗
第四天	查情查孕、催情配种：对已配种的母猪进行妊娠检查，妊娠检查阴性的母猪和断乳后15d以上仍未配上种的母猪集中起来，集中在配种栏内，以便采取措施，尽早发情配种。 将断乳母猪从产房赶回配种舍，将后备母猪赶到配种栏内，并放进公猪，以利发情
第五天	为即将转群的母猪填好分娩记录卡片，临产母猪转出。 更换消毒池、盆的液体。 制定下周配种计划
第六天	接收断奶母猪；大清洁大消毒；计划下周领用物品
第七天	设备检查维修周报表；下周工作安排

（四）体况监测

1. 评分细则

根据视觉结合触觉，通过对母猪躯体三个较重要的部位（脊柱、尾根、骨盆）进行检查而得出的母猪体况的综合性评价（图3-1、表3-6）。

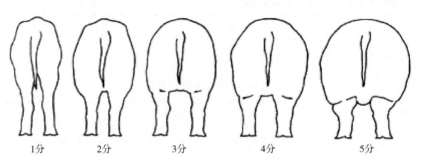

1分　　2分　　3分　　4分　　5分

图3-1　母猪体况

表 3-6 母猪体况评分标准

分值	1分	2分	3分	4分	5分
总体评价	瘦	偏瘦	正常	偏肥	肥
判断标准 脊柱	明显看见	能看见，但要摸	看不见	难摸到	很难摸到
判断标准 尾巴周围	有深凹	有浅凹	没有凹	没有凹有脂肪层	看不见尾巴周围区域
判断标准 盆骨	明显看见	可见	看不见，要用力摸	要用大力按	很深，难按到

也可采用背膘仪进行测定。先剪毛，涂抹色拉油，找到位于最后一根肋骨的外切横截面距离背中线 6.5cm 处的 P_2 点，垂直压紧背膘仪，挤出空气，读数，取 2 次测定的平均值。要求同一个人使用同一台仪器，在同一个地点进行操作，结果就高不就低。

2. 测评时间

一般选在妊娠 0 周、5 周、10 周进行三次体况测评。

3. 母猪各阶段体况标准（表 3-7）

表 3-7 各阶段母猪的标准膘情

猪群阶段	体况评分	背膘厚（P_2）/mm	备注
后备母猪配种时	3.5	18~19	母猪太瘦，其繁殖力就会很低，发情推迟，排卵数少，容易返情和流产，产仔数少；母猪太肥，其繁殖力也会很低，难产和死胎机会增加，泌乳量少，容易热应激，发情晚
断奶~妊娠前	2.5~3	16~17	
妊娠 0~60d	3.0~3.5	18~19	
妊娠 60~95d	3.5~4.0	19~20	
妊娠 96d~分娩	4.0~4.5	20	

4. 记录

成功的配种和妊娠管理离不开良好的记录。每头母猪都应有单独记录卡，记录母猪号、生产成绩、遗传信息、用药及疫苗注射等情况。另外，还应及时填写生产日志、配种日志，记录日采食量，准确记录母猪的预产期和需查情的母猪的位置。

5. 调节饲喂量

根据测得的母猪体况，调整饲料饲喂量（表 3-8）。

表 3-8　根据体况评分确定妊娠母猪采食量

评分	采食量变化/kg	评分	采食量变化/kg
1.0	+0.60	3.5	-0.20
1.5	+0.40	4.0	-0.30
2.0	+0.30	4.5	-0.40
2.5	+0.20	5.0	-0.60
3.0	0.00		

四、母猪的发情鉴定

（一）种母猪的生殖生理

1. 母猪发情周期

母猪发情周期平均为 21d（18~24d）。大多数经产母猪在仔猪断乳后的 3~7d，可再次发情配种，并受胎。

2. 母猪发情周期的划分

（1）发情初期　母猪外阴开始肿胀到接受公猪爬跨为止，时间为 2~3d。

在发情前期，母猪卵巢卵泡准备发育，卵巢内新的卵泡开始形成，在接近发情前卵泡增大，并充满卵泡液，生殖道上皮开始增生；母猪的外阴开始肿胀充血发红，阴道黏膜颜色由浅变深，并分泌少量黏液；母猪的行为表现是精神状态不稳定，常在栏内走动，食欲下降；兴奋性逐渐增加，四处张望，会主动靠近公猪，但拒绝配种行为，不接受公猪爬跨。

（2）发情期　从接受公猪爬跨到拒绝是母猪发情的高潮阶段。此时，母猪的卵泡发育成熟并排卵，腺体活动增强。生殖道黏膜充血、肿胀，活动增强。外阴部红肿达到高峰，流出白色浓稠带丝状黏液，阴户红色变暗。母猪的行为表现是背部僵硬、发出特征性的鸣叫，在没有公猪时，母猪也接受其他猪的爬跨，当有公猪爬跨时，尾向上举，背部拱起，眼神变呆，当有人双手用力按压发情母猪腰部时，母猪站立不动，这种特征性反应称为"静立反射"或"压背反射"，是确定母猪发情最有效的方法。这时表明母猪发情正处于盛期。具体来说，出现"静立反射"或"压背反射"后，12~24h 是最佳输精时间。

（3）消退期　阴部充血肿胀逐渐消退，变成淡红，且微皱，阴门较干，表情呆滞，变得安静，时常伏卧。

（二）母猪的发情行为观察方法有两种

经产母猪较后备母猪发情表现明显，高产母猪的发情表现较为明显。一般通过"看、听、算、按"观察母猪的发情。通常先看母猪外阴变化、行为变化和采食情况。具体见本项目实训二发情鉴定。

（三）母猪的异常发情

1. 安静发情

母猪无明显特征性发情表现，但此时卵巢有发育成熟的卵泡并排出卵。这就要求配种员经验要丰富，观察要细微，尤其是要注意母猪阴户黏膜颜色的变化以及肿胀程度等。另外，要注意母猪对试情公猪的反应，一旦有发情特征，及时输精配种，防止漏配。

2. 短促发情

母猪发情期限很短，如果不注意观察，很容易错过配种时期。这种情况多见于高胎龄的母猪。

3. 持续发情

持续发情母猪表现为持续、强烈的发情行为。长期、经常爬跨其他母猪，多次配种也难受孕。其原因多与卵泡囊肿有关。

4. 间断发情

母猪发情时，无固定周期和稳定持续期。出现这种间断发情的直接原因是卵巢功能障碍，导致卵泡交替发育所致。一般通过改善饲养管理，辅以激素治疗方可恢复正常。

五、母猪的配种管理

（一）配种方式

1. 单次配种

单次配种是在母猪的一个发情期内只用 1 头公猪或精液配种 1 次。该方式必须掌握准配种适期，否则受胎率和产仔数都要受影响。

2. 重复配种

重复配种是在母猪发情期内用 1 头公猪或精液先后配种 2 次。在发情开始后 20~30h 交配 1 次，间隔 12~18h 再用同一头公猪配种 1 次。重复授精的方式符合母猪的排卵特点，其受胎率和产仔数比单次授精要高，且不会混乱血缘关系。育种猪群常采用这种方式。

3. 双重配种

双重配种是在母猪的一个发情期内用不同品种的 2 头公猪或同一品种不同血缘的两头公猪，先后间隔 5~10min 进行配种授精。效果较重复配种好。

（二）提高母猪受胎率的措施

1. 生产周期与母猪年产仔窝数的关系

生产周期指由空怀期、妊娠期、哺乳期 3 个阶段组成并在养猪生产中重复出现的时间间隔。配种到分娩这段时间称为妊娠期，时间固定不变，在 108~123d，平均 114~115d。分娩到断奶这段时间称为哺乳期，根据技术水平和管理条件而变化。生产中哺乳期下限应选在母猪泌乳高峰（28~35d）以后，通常 28d。从断奶到再发情配种这段时间称为空怀期，时间固定，通常断奶 3~7d 后即可发情再配种。所以一个完整的生产周期划分为妊娠期 114d、哺乳期 28d、空怀期 3~7d。

例如：将哺乳期选定为 28d，空怀期定为 7d，妊娠期 114d，则一个生产周期为：28d+7d+114d=149d，即母猪产一窝仔猪需 149d。一年有 365d，则一年产仔窝数为 365÷149=2.45（窝）。

2. 提高母猪的受胎率措施

（1）早期断奶　根据母猪的生产周期及仔猪体况实行早期断奶。仔猪在 3~5 周龄时已经利用了母猪泌乳量的 60% 左右，体质比较健壮；另外，仔猪已经能够从饲料中获取自身需要的营养。所以根据仔猪的这个生理特点，仔猪在 3~5 周龄时断乳比较适宜。但仔猪早期断乳也必须采取相应的措施。如创造适宜的环境条件，有良好的育仔设备（采用保育箱、红外线灯等），配制全价的仔猪料和人工乳，做到早开食、适时补料等。

（2）提高情期受胎率　如果母猪发情后没有配准，则要等一个情期（21d），待再次发情后才能参加配种，这既加大饲养成本，又延长了生产周期，也减少了母猪的年产仔窝数。情期受胎率越高，对增加母猪年产仔窝数越有利。生产中通常采取提高公猪精液品质、母猪适时配种和应用激素（孕马血清促性腺激素）等办法来提高母猪情期受胎率。

（3）哺乳期配种　研究与实践表明，母猪产后有 3 次发情：第一次是产后 3~5d，但由于内分泌和泌乳的原因，此次母猪发情不明显、卵子发育不成熟，因而不能利用；第二次是在产后 27~32d，是一次能正常发情、排卵的发情期，母猪可以配种利用；第三次是断奶后 3~7d。哺乳期配种虽然可以缩短生产周期，增加母猪年产仔窝数，但此时母猪尚未断奶，兼有泌乳育仔和妊娠怀仔的双重任务，所以必须保证泌乳母猪的全价饲养。另外，哺乳期配种对发情鉴定、配种实施等技术要求相对较高。

六、人工授精技术

猪的人工授精技术是指用一定的器械或方法采集公猪精液，经过精液品质检查、稀释处理、精液保存与运输，再把精液注入发情母猪的生殖道的一定部位使其受孕，以代替猪自然交配的一项技术。

人工授精技术包括采精、精液品质检查、稀释、保存、运输、输精和器械清洗消毒等技术环节。人工授精技术对种公猪的选择和要求以及操作人员的技术水平要求严格，需要技术人员具备严谨的工作态度和熟练的技术操作能力。

人工授精技术与胚胎移植技术是对猪生产性能进行改良的实用技术，也是实现养猪生产现代化的重要手段之一。随着养猪业向集约化、现代化的发展，以及近年来猪的各种疾病不断被发现和发生，使猪人工授精技术在养猪生产中迅速得到了推广应用。我国猪的人工授精技术研究和推广应用工作起步晚、发展不均衡，但猪的人工授精技术应用效果已得到了国内一些大中型猪场的充分肯定，在养猪业发展中，发挥的经济和社会效益日益凸显。因此，在我国推广普及猪人工授精技术，对促进养猪业的发展具有重要的意义。

实行猪的人工授精有许多优越性：①提高了优良种公猪的利用率，降低饲养成本；②可以节约大量的种公猪购置费和饲养管理费用；③增加了种公猪的选择余地，可以优中选优，有利于优秀种公猪遗传潜力的充分发挥，加快猪的改良速度；④可以异地配种，特别是对散养母猪配种较为方便。随着猪的精液销售方式的变革，猪精液将进入门市销售，对供精者和用户都更为方便；⑤可以防止生殖道传染病、寄生虫病的传播。种公猪同时与数十头母猪交配，由于无法对公猪阴茎彻底消毒，容易造成一些疾病的接触感染；⑥实行人工授精，可以随时对公猪精液质量进行监测，一旦发现异常，立即停止使用，避免因精液质量问题造成的不良影响，同时可对种公猪采取必要的治疗措施。

（一）授精时机

根据母猪的排卵规律，卵子在输卵管中仅在8~12h内有受精能力，而公猪精子在母猪生殖道需经过2~3h游动才能到达输卵管且存活10~20h。所以配种的适宜时间是母猪排卵前2~3h，即母猪发情开始后20~30h配种才容易受胎（即静立反射第2天），最迟在发情后48h内即要配种。实际生产中，母猪发情开始时间不易准确判定，最易掌握和判定的是在母猪发情盛期，判断适宜的配种时间。

最适宜的配种时间可从三个方面判断：一是出现静立反射时配种；二是当母猪外阴部逐渐肿大变红的高潮过后，外阴部产生小的皱褶时配种；三是母猪完全允许公猪爬跨时配种。

（二）授精要求

（1）授精场所应保持安静，地面要求平坦、不打滑。

（2）授精时间应安排在采食前 1h。

（三）人工授精实施过程

人工授精技术的好坏直接关系到母猪情期受胎率和产仔数的高低，而输精管插入母猪生殖道部位的正确与否则是人工授精的关键。

1. 输精的准备

输精前，精液要进行镜检，检查精子活力、死精率等。死精率超过 20% 的精液不能使用。精液放在 34~37℃ 的恒温水浴锅中升温 10~20min。对于多次重复使用的输精管，要严格清洗、消毒，使用前最好用精液洗 1 次。母猪阴部冲洗干净，并用毛巾擦干，以免将细菌等带入阴道。

2. 输精管的准备

目前在生产中，常用的输精管有一次性的和多次性的两种。

（1）一次性的输精管　目前有螺旋头型和海绵头型（图 3-2），长度 50~51cm。螺旋头一般用无副作用的橡胶制成，适合于初产母猪的输精；海绵头一般用质地柔软的海绵制成，通过特制胶与输精管粘在一起，适合于经产母猪的输精。选择海绵头输精管时，一应注意海绵头粘得牢不牢，不牢固容易脱落在母猪的子宫内部；二应注意海绵头内输精管的深度，一般以 0.5cm 为好，因输精管在海绵头内包含太多，则输精时因海绵体太硬而易损伤母猪阴道和子宫壁，包含太少则因海绵头太软而不易插入或难于输精。

（1）海绵头型　　　　　　　　　　　（2）螺旋头型

图 3-2　猪用输精器

（2）多次性输精器　一般为一种特制的胶管，可重复使用，成本较低，头部无膨大部或螺旋部分，输精时易倒流，并且每次使用均应严格消毒、清洗，使用前最好用稀释液洗一次。这种输精器要妥善保存，保存不当容易变形。

另外，输精前要清洗母猪阴部并消毒，用毛巾吸干残留消毒液，再用生理盐水（温水）清洗一次，防止将细菌等带入阴道。

3. 输精过程

输精时，将输精管海绵头用精液或人工授精用润滑胶润滑，以利于输精管插入顺利。并赶一头试情公猪在母猪栏外，刺激母猪性欲的提高，促进精液的吸收。

用手将母猪阴唇分开，将输精管沿着稍斜上方的角度逆时针方向慢慢插入阴道内。插入时要注意避开尿道口，在输精管进入 10~15cm 时转成水平插入，当插入 25~30cm 时，会感到有点阻力，此时输精管顶已到达子宫颈口，将输精管左右旋转，稍一用力，顶部则进入子宫颈第二三皱褶处，发情好的猪便会将输精管锁定（回拉时会感到有一定的阻力，即输精管被锁住），此时便可进行输精。

从精液贮存箱中取出输精瓶，确认公猪品种、耳号。用输精瓶输精时，缓慢摇匀精液，当插入输精管后，将输精瓶瓶盖的顶端折断，插到输精管尾部就可输精。抬高输精瓶，使输精管外端稍高于母猪外阴部，同时按压母猪背部，刺激母猪使其子宫收缩产生负压，将精液自然吸收。为了便于精液的吸收，可在输精瓶底部开一个口，利用空气压力促进吸收。绝不能用力挤压输精瓶，将精液快速挤入母猪生殖道内，否则精液易出现倒流。若出现精液倒流时，可停止片刻再输。精液袋输精时，只要将输精管尾部插入精液袋入口即可。输精时输精人员同时要对母猪后腹部或大腿内侧进行按摩，以增加母猪的性欲。

4. 注意事项

正常的输精时间和自然交配一样，一般为 3~10min，时间太短，不利于精液的吸收，容易出现精液倒流。

在输精后不要用力拍打母猪臀部以减少精液倒流。在输精前后任何应激因素都会对受精产生不利影响。

重视初次输精，避免输精次数过多。为了确保受胎率和产仔数，生产中多实行 2 次输精，间隔时间为 12~18h。

输精结束后，应在 10min 内避免母猪卧下，因其能使腹压增大，易造成精液倒流，如果母猪要卧下，应轻轻驱赶，但不可粗暴对待造成应激；同时最好避免母猪饮过冷的水，否则可能会刺激胃肠和子宫收缩而造成精液倒流。

七、种母猪妊娠检查

为了确保母猪能够顺利妊娠，不发生空怀现象，减少无意义的饲喂和人工、饲料的浪费，要及时对配种后的母猪进行妊娠鉴定，这在养猪生产中有重要的意义。早期妊振诊断可以缩短母猪空怀时间，缩短母猪的繁殖周期，提高年产仔窝数；有利于保胎，提高分娩率。如果没有受孕，则应该及时采取措施，促使母猪再次发情配种，防止失配影响母猪生产力，造成人工以及饲料的浪费。母猪的妊娠诊断方法有以下几种。

（一）外部观察法

母猪的发情周期一般为21d。在母猪配种后21d左右，经过一个发情周期没有发情的，且表现疲倦、贪睡、食欲旺，易肥、皮光毛亮、性情温顺、行动稳重、夹尾走路、阴门收缩，则说明已妊娠。相反，若精神不安，阴户微肿，则没有受胎，应及时补配。

（二）检查返情

根据母猪配种后18~24d是否恢复发情来判断是否妊振。生产中，一般配种后母猪和空怀母猪都养在配种舍，在对空怀母猪查情时，用试情公猪对配种后18~24d的母猪进行返情检查，如果母猪接受并靠近公猪说明没有妊娠；若母猪拒绝公猪接近，可初步确定为妊娠。

（三）超声波早期诊断法

超声波检查是把超声波的物理特点和动物组织结构的声学特点密切结合的一种物理学检测方法。目前在养猪生产中主要有A型超声波诊断法和B型超声波妊娠诊断法（详见本项目实训三妊娠诊断）。

（四）尿液检查法

在母猪配种10d以后，早晨采集被检母猪尿液10mL置于烧瓶中，加入5%碘酊1mL，煮沸后观察烧瓶中尿液的颜色。如尿液呈淡红色，说明妊娠；如尿液呈淡黄色，且冷却后颜色很快褪去，说明未妊娠。

八、配种问题猪处理

要繁殖大量品质优良的仔猪，除获得量多优质的精液外，还必须使母猪能够正常发情并排出大量优质卵子。生产中，导致母猪配种问题的原因很多，有母猪自身繁殖障碍比如卵巢囊肿，有技术人员对发情观察不准，有饲喂高能饲料或者霉变饲料导致的。如母猪长期吃发霉的饲料造成霉菌毒素中毒，那么肯定配不上，靠中药以及微生态有效成分分解霉菌，排出体外，方可配种。

（一）繁殖障碍疾病引起的配种问题及处理

配种过程中，细菌随精液进入体内，可导致母猪患生殖系统疾病，如卵巢囊肿，严重者则不能受孕而废弃。所以在输精的过程中一定要用清水或者高锰酸钾水清洗母猪的外阴周围，确保干净输精。一旦母猪患病，应立即治疗。

分娩过程中，采用了人工助产、人工护理，由于消毒不严格或动作粗鲁造成的子宫炎症。由于炎症的存在就容易有返情的情况发生，甚至造成屡配不孕。一旦发现母猪子宫炎症，应及时治疗。

另外，猪瘟、猪繁殖与呼吸综合征、猪伪狂犬、猪细小病毒等会直接或间接影响母猪受孕，应严格按防疫程序及时接种疫苗，其中猪瘟疫苗每年 2 次是必需的。

（二）营养引起的配种问题及处理

营养也会影响空怀母猪的受孕，使母猪成为问题猪。

1. 高营养饲喂的问题

饲料中能量过高，使得母猪体内能量储存过高，使子宫体周围沉积过多的脂肪，引起子宫壁血液循环障碍，从而使得空怀母猪过肥而不能受孕。所以生产中一定要确保蛋白质和能量的平衡。已妊娠母猪，一般配种前 1 天到配种后的 1 个月内是禁止高能饲料饲喂的阶段，因为过高的营养摄入将会导致受精卵的死亡、着床失败而母猪返情。适当补充青绿饲料，加入电解多维，以补充维生素的不足。在怀孕后期 40d 内提高营养水平，保证胎儿健康生长。故妊娠早期的母猪要采用限饲，以确保胎儿在孕早期的正常发育。

2. 营养缺乏

由于饲料中长时间缺乏维生素 A、维生素 B_1、维生素 E、生物素和叶酸，抑制机体性腺发育，从而延迟性成熟，引起乏情。所以多喂青绿多汁饲料，以补充母猪机体所需要的营养物质。

3. 饲喂霉变饲料的问题

如果饲料发生了霉变，霉菌素很容易引起母猪假发情现象，尤其是玉米。所以母猪长期采食霉变饲料，则会发生霉菌中毒而发生假发情现象，导致无法受孕。因此必须保证母猪的饲料质量，保证母猪有一个健康适宜的体况，以利发情配种。所以在生产中为了防患于未然，对饲料中霉菌的检测很重要。

（三）环境及应激问题的处理

很多母猪由于气候变化以及饲喂不当出现乏情。气候的变化在一定程度会使母猪分泌功能发生紊乱而乏情或者不发情，比如夏季气候炎热，往往出现高温天气，如果母猪长时间处于超过30℃的高温天气，而没有及时采取有效措施来降温会导致繁殖障碍疾病，出现季节性不孕，严重者会死亡。另外，猪舍内饲养密度过大，不经常通风导致有毒有害气体多、卫生条件差等恶劣环境，都会影响黄体的形成，从而导致母猪乏情或者不发情。故平时要搞好圈舍内的环境卫生，经常通风换气。

（四）诱导发情方法

1. 注射促性腺素释放激素或促性腺激素

用促性腺激素进行诱发发情排卵已有广泛研究，它是控制家畜繁殖的有效制剂，不管母猪的生殖状况如何，这种处理均可奏效。如用孕马血清促性腺激素（PMSG）诱发卵泡生长，用人绒毛膜促性腺激素（HCG）促进排卵。注射孕马血清促性腺激素后便有大量卵泡生长，为使生长发育的卵泡排卵，需注射促黄体生成素（LH）类激素如人绒毛膜促性腺激素（HCG）或注射促性腺激素释放激素（GnRH），诱发母猪自身分泌促黄体生成素促进排卵。但孕马血清促性腺激素常引起卵泡过度发育，而不能排卵，影响受胎率。为了获得较稳定的效果，可以与其他处理相结合使用。

2. 注射雌激素

雌激素的作用是促进母畜生殖器官及外部行为的变化（即发情），并刺激下丘脑—垂体系统释放促黄体生成素峰，如果有成熟的卵泡，这时在促黄体生成素的作用下，便会排卵。这种方法常引起母猪的发情征状，实际排卵的很少，所以受胎率低。

3. 利用前列腺类激素

前列腺类（PG）激素有溶解黄体和促进排卵的功效，因此它常被用来控制黄体的退化时间和同期发情排卵。

母猪的乏情还可利用外激素来刺激。外激素是同种动物个体之间传递信息的化学物质。外激素可传递多种信息，如引诱配偶或加速青年动物初情期，刺激配偶进行交配，对动物的繁殖活动起着重要作用。公猪的颌下腺和包皮腺是性外激素主要来源。公猪的外激素可明显加速青年母猪初情期到来。在一定的饲养管理条件下人工诱导母猪发情主要利用激素诱导，同时结合公猪刺激，其效果不错。

九、配怀舍的饲喂操作模式

（一）注意环节

1. 操作者的安全

岗位员工需要接受专门的训练了解，并掌握最基本的标准化流程，对任何可能造成人体伤害的地方，设置明显的警示标志，以下几项尤其值得注意。

（1）赶猪时　猪只转群、淘汰、调整圈舍以及赶公猪试情过程中，一定要注意安全，需要设置赶猪通道，确定赶猪速度，必要的时候使用好赶猪板。

（2）免疫时　尤其是群养猪只免疫时，一定要严格地按照免疫的操作规范进行，最好两人一起防止意外。

（3）巡栏时　对群养猪只进行巡栏时，防止猪只对人的攻击。

（4）电力设备管理　对于一切可能对人造成伤害的设备，要设置明显的警示标志。使用过程中若有风险，一定要请专人进行处理。

2. 猪的安全

任何影响猪安全及健康、应激的操作及事项均需要严格注意及遵守，确保动物的安全。在分栏时要注重猪相互间的均匀度以及密度，避免猪相互间的咬架以及发生咬尾现象。在组织转群时，要保持爱心、耐心和责任心，避免粗暴对待猪，同时控制赶猪的数量，一次赶猪的数量不要超过5头。

3. 确保母猪饲料安全

怀孕母猪不能饲喂发霉变质和有毒饲料。冬季防止饲喂夹带冰、霜、雪的饲料，供给充足洁净的饮水。妊娠后期不能饲喂青贮饲料。

4. 检查添加额外的饲料

根据记录核对需要增加或减少饲料投喂量的猪的耳号和饲料量。

5. 检查猪的健康状况

猪只健康的检查，一般在母猪采食时，或者在有公猪查情刺激情况下，此时母猪会处于站立状态，方便于进行检查。

观察母猪是否不愿站立或站立不起，肢蹄有无破损，腿脚是否有跛行、肿胀等现象；观察母猪的采食状态，寻找少食或者不食的母猪；观察猪的尿液、鼻镜、采食及饮水的速度，确定是否饮水充足；观察母猪外阴有无恶露或流血；观察皮肤有无苍白、发红、出血点或者寄生虫等；观察有无呼吸急促、喘息或咳嗽的现象；观察眼睛有无眼屎或者是否发红。

6. 料槽调节

后备母猪群与空怀母猪群多采用群养单饲，即母猪群养在一个大栏内，在大栏前部安装长50~60cm、宽45~55cm的单饲隔栏，这样既可以相互诱导发情，便于发情检查，又可保证母猪采食量均匀，体况平稳。

7. 清洁卫生

清除料槽中变质或过多的饲料，清洁料槽，做到无杂物、无剩料。如有剩余干净饲料可以分给其他猪吃，避免浪费。

（二）配怀舍母猪饲养管理

总体要求，整个妊娠期间母猪的体重增加建议控制在 35~45kg 为宜，其中前期一半、后期一半。青年母猪第一个妊娠期重达 45kg 左右为宜，第二个妊娠期增重 40kg 左右，第三个妊娠期以后母猪妊娠期间增重 30~35kg 为宜。妊娠期间背膘厚增加 2~4mm 为宜，临产时背膘厚度一般为 20~24mm，过肥、过瘦均不利。母猪妊娠期日采食量与哺乳期日自由采食量和增重的关系，见表 3-9。

表 3-9　母猪妊娠期日采食量与哺乳期日自由采食量和增重的关系

妊娠期日采食量/kg	0.9	1.4	1.9	2.4	3.0
妊娠期共增重/kg	5.9	30.3	51.2	62.8	74.4
哺乳期日自由采食量/kg	4.3	4.3	4.4	3.9	3.4
哺乳期体重变化/kg	6.1	0.9	-4.4	-7.6	-8.5

1. 后备母猪的饲喂

后备母猪按照不同的生长发育阶段饲喂全价日粮，一般采用"步步登高"的饲喂方法（哺乳期配种的母猪也可采取此方式）。因为初产母猪本身还处在生长发育阶段，营养需要量较大，因此在整个妊娠期间的营养水平，是根据胎儿体重的增长而逐步提高，分娩前 1 个月达到最高峰，要注意能量和蛋白质（提高蛋白质能促进性成熟）的比例，特别是矿物质、维生素和必需氨基酸的补充。

（1）催情补饲　后备母猪一般在第 2、3 次发情配种，配种前限制饲喂，采食量控制在 2~3kg。在配种前一两周至配种结束（经产猪从断奶到配种，断奶当天不喂），增加高蛋白、高能量的母猪专用饲料 2~3kg，按体重添加 0.4%~0.7%的动物油脂，以达到增强体质，促进排卵数，提高卵子质量的目的。一般采用后备母猪专用料或者哺乳母猪料作为后备母猪培育料即可。

（2）配种至妊娠 30d　用妊娠母猪前期饲料，配种当天不喂，配种后应立即停止补饲高蛋白、高能量饲料。前 3d 喂 1.3~1.8kg 饲料，以后每头每天 2kg 左右，不能多喂。这样既能防止胚胎死亡，又能降低成本。

（3）妊娠 30~70d　妊娠中期可根据母猪的膘情调整饲喂的数量，一般保持较低水平饲喂，饲喂营养均衡的低能量饲料每天 1.8~2.6kg 为宜。因为妊娠期高采食量会影响哺乳期的采食量。有关实验研究表明，妊娠期采食量提高一倍，则哺乳期采食量下降20%，失重多。

（4）妊娠70~90d 使用妊娠母猪前期饲料、营养均衡低能量饲料。每头适当减料，以2kg为宜，但能量摄入量需控制在28MJ以内。防止乳房发热、水肿，母猪得产后热，引起出生仔猪的黄白痢，并导致乳房压在身底翻不出来等。

（5）妊娠90~分娩 妊娠母猪从84日龄就用高能量、高蛋白的怀孕母猪专用后期饲料逐渐过渡，并适当增加饲喂量，在90日龄以后，每天2.5~3.5kg，以满足胎儿生长需求。

（6）体况调整饲喂 在妊娠30、60、90d时对母猪体况进行评定，做好标记，并把评分写在每头母猪（或每一栏）的饲喂记录上。根据体况评分调整饲喂量，以3分体况为标准，把调整后的饲喂量写在母猪饲喂记录上。

2. 空怀母猪的饲喂

常见饲养管理条件下，仔猪断奶时的母猪即空怀母猪，既不妊娠又不带仔，极不被重视，只是随便喂喂。其实不然，空怀母猪配种前的饲养管理显著影响发情排卵和配种受胎，需要科学饲养管理。

（1）体型适中 为防止空怀母猪过肥，日粮中的能量水平不宜太高，每1kg配合饲料含11.715MJ可消化能即可，粗蛋白水平为12%~13%，如果饲料中含能量偏高，则应加入适量的干草粉或青饲料来降低饲料中的能量浓度，防止母猪过肥。对于较瘦的空怀母猪也可在配种前10~14d开始，采取短期优饲的方法，加料时间一般为1周左右。在优饲期间，每天每头母猪增加喂料量1.5kg左右，如平时喂1.4~1.8kg/d，在此期间可加喂到2.9~3.3kg/d。增加喂料量对刺激内分泌和提高繁殖能力有明显效果。应注意的是，短期优饲不能提高日粮蛋白质水平，但能提高日粮中的总能量。

（2）合理饲养 空怀母猪饲养时多采用湿拌料、定量饲喂的方法。即每天喂2~3次，不同体重饲喂量不同，90~120kg，每天喂1.5~1.7kg；120~150kg，每天喂1.7~1.9kg；150kg以上，每天喂2.0~2.2kg；中等膘情以上者每天饲喂2.5kg；中等膘情以下者自由采食。对那些在仔猪断奶后极度消瘦而不发情的母猪，应增加饲料定量，让它较快地恢复膘情，并能较早地发情和接受交配。可以把不发情的空怀母猪按断奶期小群集中饲养，以促进发情。

（3）维生素和微量元素

空怀母猪饲粮中适当增加青绿饲料的饲喂量（每头每天可喂5~10kg），可促进母猪发情。因为青绿饲料中不仅含有多种维生素，还含有一些具有催情作用类似雌激素的物质。此外，合理补充钙、磷和其他微量元素，对母猪的发情、排卵和受胎帮助很大。一般来说，每1kg配合饲料中含钙0.7%、磷0.5%，即可满足需要。

3. 经产母猪的饲喂

（1）"抓两头，顾中间"的饲喂方法 母猪经过一个哺乳期之后，体力消耗很大。对于断奶后体瘦的经产母猪，一般采用"抓两头，顾中间"的饲喂方法，形成了"高—低—高"的营养水平。

在配种前 7d 至妊娠初期，加强饲养。每天饲喂哺乳专用料量在 3.0 ~ 3.5kg，可以使母猪迅速恢复到繁殖体况，缩短发情时间，提高排卵数量。

配种到妊娠 30d，供给质地优良的全价饲料尤其是蛋白质、微量元素、维生素含量。饲喂方法，采用限量饲喂，每天 2.2 ~ 2.5kg。限量饲喂可以促进胚胎着床，提高胚胎成活率。妊娠 21 ~ 90d，每天饲喂量 2.5 ~ 2.8kg，可根据猪的体况适当加减料，加减标准参照妊娠期母猪饲喂标准。但每天饲喂量不应低于 1.8kg，一般 3 周时间可达到效果，妊娠中期是调整母猪体况的最佳时期，也是最有调整余地的时期。

妊娠 90d 至分娩，要增加采食量，特别是增加能量饲料的摄入，最后的 2 ~ 3 周尤为重要。以满足后期胎儿快速生长的需要，提高仔猪初生重和整齐度，提高仔猪初生时肝糖原、肌糖原含量，增强仔猪活力，提高成活率。产前 5d 左右，减少饲喂量到 1.5kg/d 或继续保持 3.5kg/d。

（2）"前低后高"的饲喂方法 对配种前体况良好的经产母猪，一般采用"前低后高"的饲喂方法。怀孕母猪的新陈代谢非常旺盛，对饲料的利用率很高，蛋白质的合成也强，用等量同样的全价混合料分别喂饲怀孕母猪与空怀母猪，前者的总增重大大超过后者，将怀孕母猪的胎猪及其附着物的重量减去后，其增重仍然大大超过空怀母猪。胎猪的生长发育前慢后快，临产前 1 个月里胎猪的增重约占全期增重的 2/3。因此，配种至妊娠 60d，应避免高能量饲料饲喂，增加低能粗饲料比例，以免造成胚胎死亡。用全价怀孕母猪料饲喂时，喂量控制在每天 1.8kg 以下，以后至怀孕 80 ~ 85d，提高营养加精料比例，每天喂 2kg。产前的 1 个月里，每天喂量增至 2.2 ~ 2.5kg，产前 1 周可改喂哺乳母猪料，日喂量 3 ~ 4kg（产前 1 ~ 2d 天减半），保证有足够营养物质供给胎猪生长发育之所需。

母猪在怀孕期间，特别是怀孕后期，不可过肥，也不可过瘦，要有适中的体况，过肥的母猪，不但浪费饲料，增加饲养成本，常因腹腔内脂肪组织积累过多而压迫子宫，影响胎猪的发育，产出弱小仔猪，也容易难产，产后也容易出现食欲不振、泌乳不足、便秘和喂乳期掉膘过快等不良后果，因过肥行动迟缓而易压死仔猪，过量采食而过肥的母猪不利于乳房的生长发育。过瘦的母猪因营养不足，影响胎猪的生长发育而产弱小仔猪，同时，因怀孕期间母猪体增重少，体内没有足够的营养储备，造成泌乳不足，影响哺乳小猪的生长发育，母猪则因过度消耗体储而严重消瘦，影响离乳后的正常发情和配种。所以怀孕母猪的具体饲料喂量，是根据母猪的体况和全价混合料的营养浓度来决定喂量。

另外，任何时候要保证饲料质量，不得喂饲发霉、变质、腐败、有毒和有强烈刺激性的饲料，否则，容易引起流产和死胎。

4. 限制饲喂方法

（1）单栏饲养法 利用单栏饲养栏单独饲喂，最大限度控制母猪饲料摄入，节省一定的饲料成本，同时又避免母猪之间因抢食发生的咬架，减少机械性流产和仔猪出生前的死亡，但也由于限位栏面积过小，母猪无法趴下，长期站立，肢蹄病发生率增加，母猪淘汰率增加。

（2）隔日饲喂法 适合于群养母猪，使用前设计好饲喂计划表，一群母猪一周的饲粮集中在3d饲喂，这3d每日自由采食18h，剩余4h不再投料，保证充足饮水。如每周一、周三、周五投放饲料5.5~6.3kg，8h自由采食。一周合计喂料16.5~18.9kg，平均每头母猪日粮为2.3~2.7kg，此方法能防止胆小体弱母猪吃不饱，造成整栏母猪体况不均或者影响胚胎生长发育。采用隔日饲喂法，必须有宽阔的投料面积，使每头母猪都有采食位置，以免咬架。另外保证饲喂时间，使每头母猪都能一次性采食吃饱。但这不太符合动物福利标准。

（3）日粮稀释法 在饲粮饲喂时配合使用一些高纤维饲料，如苜蓿草粉、干燥的酒糟、麦麸等，降低饲粮能量摄入。稀释后的日粮具有较好的饱腹感，防止母猪饥饿躁动，影响其他母猪休息，同时也降低了饲料成本。

母猪电子识别饲喂系统可使用电子饲喂器自动供给每头母猪预订饲喂量，计算机控制饲喂器，母猪耳标上密码或项圈的传感器可以识别母猪，当母猪采食时，计算机就会按计划给出固定的饲粮量。一台饲喂器可饲养48头母猪，一天24h，每0.5h为一期。

5. 参考饲喂标准

提供可行性饲喂标准（表3-10）作为参考，但需根据实际情况进行适当调整。

表 3-10 妊娠期母猪饲喂标准

妊娠阶段	每日适宜的饲喂量
配种当天到妊娠 12d	1.8kg，只添加维持生长的饲料
妊娠 13~30d	1.8~2.26kg，调整膘体评分至 3.0~3.5
妊娠 31~60d	1.8~3.15kg，调解膘体
妊娠 61~90d	少于 2.26kg
妊娠 91~110d	1.8~2.26kg
妊娠 111d 到分娩	1.36~1.8kg
分娩当天	不喂料或喂 0.5kg 左右

6. 影响饲喂水平的其他因素

猪的品种或品系、母猪体况、胎次、饲养方法、生产性能水平、管理标准以及环境都会影响饲喂的水平，要根据实际情况及时调整。

十、配怀舍饲喂操作技术

配怀舍采用食槽一般为限量饲槽，由水泥、钢板或者其他材料制成，造价低廉，坚固耐用。每头猪所需要的饲槽长度大约等于猪肩部的宽度。

饲喂操作有人工饲喂和自动喂料两种饲喂方式。

（一）人工饲喂

人工饲喂是由人工将饲料投放到食槽中，这种方式劳动强度大，劳动生产率低，饲料装卸运输损耗比较大，又容易污染。但是所需的设备较少，投资较小，适宜运送各种形态的饲料，不需依靠电力。自动喂料系统把加工好的全价配合饲料直接储存到猪场饲料储存塔中，然后用输送机送到猪舍的食槽内进行饲喂。这种方法的优点是饲料新鲜，不受污染，减少装卸和运输过程中的散漏损失，实现了机械化、自动化，节省了劳动力，提高了劳动生产效率，但所需设备造价高、成本大，依赖于电力。

（二）自动化饲喂

自动化饲喂可以减少猪只争食的争斗致伤，可以减少人工饲喂时引起全栋母猪的吵闹和跳动，避免由此引起的流产、蹄损伤等。自动化设备喂料时饲喂量可随着猪的生理和生产阶段的不同而变化，有效避免了因猪的社会地位造成的采食不均。同时对于群养母猪还能促进断奶母猪发情。采用自动化喂料是规模化养殖的必然趋势。

1. 同步落料系统

将饲料由散装贮料桶输送到猪栏上方的定量饲料储存器内，固定的饲喂时间，饲料便由上方容器同时落入饲料槽。饲料落下后，散装贮料桶的饲料又会自动填满猪栏上方的饲料储存器，等待下次落料。

2. 缓慢落料系统

将饲料由散装贮料桶输送到猪栏上方的定量饲料储存口器内，到了预定时间，饲料储存器下方的另一饲料输送管，以最慢的速度（猪群中采食最慢母猪速度）将饲料下到饲槽。习惯之后，利于猪只固定料槽定量采食。

同步落料系和缓慢落料系饲喂过程中无噪声，可通过饲喂次数增加，减少猪的争斗次数。采用少量多次喂料，母猪就会专心采食，且能在短时间内吃完，母猪采食量均匀，猪不易因争食而咬架，可减少母猪受伤机会。同时，采用这种饲喂方式，可促群养断奶母猪发情。

3. 电子辨识饲喂系统

饲料由散装饲料桶输送到饲喂站的盛料漏斗，一个饲喂站约饲养 40 头以上的母猪。

当带有识别器的母猪将后门打开并站立在接收器前时，接收器将感应讯号传到后门及计算机，将后门关上，不允许其他母猪进入。同时到计算机的讯号可立即查知该母猪是否吃完该时段的配额，如果没有吃完的话，则自动落料器会再次落料直到吃完此时段的定额。

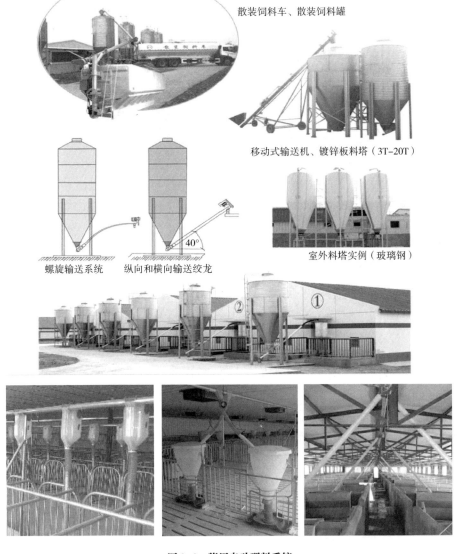

图 3-3　猪用自动喂料系统

十一、配怀舍饮水管理

（一）供水设置

妊娠母猪每天的需水量为7~17L，饮水器流量控制在1.5~2.0L/min（图3-4）。夏季可以适当升高水流量，冬季可以适当降低水流量。群养一般建议每5头猪用一个水嘴，栏养常采用鸭嘴式、乳头式或碗式饮水器（目前，生产中常用鸭嘴式），鸭嘴式、碗式应垂直安装，乳头式安装时呈倾斜状态，角度保持在15°~45°。每1~2头母猪配一个饮水器，高度70~90cm，后备栏一栏配一个饮水器，高度60cm。栏养猪舍如用水槽，最好是定时自动充水的水槽，否则必须在每次喂料后人工加水，下一次喂料时，剩下的料可加水，这样猪易食用。每天至少要清扫2次水槽。

鸭嘴式饮水器

（1）乳头式饮水器　　　　　　（2）碗式饮水器

图3-4　猪用自动饮水系统

猪场要根据环境、温度、饲料、猪场条件和猪的体重选择不同的饮水器，但应保证每个栏舍内至少安装两个饮水器，且距离不能太近，最好安装在靠近料槽的位置。

（二）确保所有猪获得水

不论哪种饮水设备，一定要方便让母猪短时间内能多喝到水。如果饮水时间较长可能存在饮水器角度不当或饮水流速低的问题。群养中如果猪的密度过大会容易出现饮水不均的现象。夏季，群养猪有处于支配地位的猪在饮水器前打滚，也会出现饮水不均的现象。如果栏养母猪在阴户上或阴户下发现白色沉淀物，表明饮水不足，这可能造成母猪膀胱炎和子宫炎，导致配种或妊娠失败。

母猪的饮水高峰有两个，一个是下午3点至晚上9点，另一个是早上5点至上午11点，可在此时间段内观察猪的饮水情况。

（三）检查饮水器

检查饮水器安装的位置和角度，饮水器位置和角度不当，使饮水时间延长，造成饮水困难，还增加浪费。同时饮水器过度磨损，使用寿命大大缩短，增加养殖成本。母猪一次饮水时间超过 10min，则要检查水流是否不足。常见流速变小的原因有水压不足、饮水器生锈堵塞等。如有需要可加水塔、蓄水池或压力罐给水网供水，保证供水压力为 0.15~0.2MPa。检查饮水器是否出现松脱扭转、堵塞不出水、生锈、漏水等问题，及时维修。

实操训练

实训一 预产期计算

（一）实训目的

学会通过公式计算或查表推算预产期。

（二）实训材料

母猪预产期推算表。

（三）实训方法

1. 公式法

妊娠期指从受精开始至胎儿出生这段时间，猪的妊娠期一般为 108~120d，平均为 114d。

（1）"三、三、三"法 即母猪妊娠期为 3 个月、3 周零 3 天。在配种月份上加 3，配种日期上加 3 周 3d 共加 24d。这是一个粗略算法，不能准确地计算预产期。

（2）"加四减六"法 每月按 30d 计算，即在配种月份数加 4，配种日期数减 6。在计算过程中，如果配种日期小于或等于 6 时，应向月份数借 1，等于在日期上加 30，如果月份数相加大于 12，则应减去 12 年，年度向后延一年。

为精确预产期，可进行校正。妊娠期所跨的大月应在预产日期上减去，如果妊娠期经过 2 月，平年在预产期上加 2，闰年预产期日期上加 1。

例如，某母猪 2019 年 11 月 25 日配种，月份加 4 是 15 个月，扣减 1 年（12 个月）为次年 3 月份。日期减 6 是 19，经 3 个大月（从当年 11 月至次年 4 月，经 12 月和次年 1 月、3 月 3 个大月）减 3d，过 2 月份加 2d，即只减 1d。因此，这头母猪的预产期是 2020 年 2 月 18 日。

2. 查表法

在预产期推算表的第一行数字中，找到配种月份，在左侧第一行找到配种日期，垂直相交处既为预产期，由此垂直向上查找预产期推算表的第二行数字即为预产期月份（表3-11）。例如，2020年5月20日配种，则预产期为2020年8月11日。

表3-11　母猪预产期推算表

月份 日期	一 IV	二 V	三 VI	四 VII	五 VIII	六 IX	七 X	八 XI	九 XII	十 I	十一 II	十二 III
1	25	26	23	24	23	23	23	23	24	23	23	25
2	26	27	24	25	24	24	24	24	25	24	24	26
3	27	28	25	26	25	25	25	25	26	25	25	27
4	28	29	26	27	26	26	26	26	27	26	26	28
5	29	30	27	28	27	27	27	27	28	27	27	29
6	30	31	28	29	28	28	28	28	29	28	28	30
7	1/5	1/6	29	30	29	29	29	29	30	29	1/3	31
8	2	2	30	31	30	30	30	30	31	30	2	1/4
9	3	3	1/7	1/8	31	1/10	31	1/12	1/1	31	3	2
10	4	4	2	2	1/9	2	1/11	2	2	1/2	4	3
11	5	5	3	3	2	3	2	3	3	2	5	4
12	6	6	4	4	3	4	3	4	4	3	6	5
13	7	7	5	5	4	5	4	5	5	4	7	6
14	8	8	6	6	5	6	5	6	6	5	8	7
15	9	9	7	7	6	7	6	7	7	6	9	8
16	10	10	8	8	7	8	7	8	8	7	10	9
17	11	11	9	9	8	9	8	9	9	8	11	10
18	12	12	10	10	9	10	9	10	10	9	12	11
19	13	13	11	11	10	11	10	11	11	10	13	12
20	14	14	12	12	11	12	11	12	12	11	14	13
21	15	15	13	13	12	13	12	13	13	12	15	14
22	16	16	14	14	13	14	13	14	14	13	16	15
23	17	17	15	15	14	15	14	15	15	14	17	16
24	18	18	16	16	15	16	15	16	16	15	18	17
25	19	19	17	17	16	17	16	17	17	16	19	18
26	20	20	18	18	17	18	17	18	18	17	20	19
27	21	21	19	19	18	19	18	19	19	18	21	20
28	22	22	20	20	19	20	19	20	20	19	22	21
29	23	—	21	21	20	21	20	21	21	20	23	22
30	24	—	22	22	21	22	21	22	22	21	24	23
31	25	—	23	—	22	—	22	23	—	22	—	24

注：上行月份为配种月份，左侧第一列为配种日期；下行月份为预产期月份，从左侧数第2~12列的数字为预产期日期。

（四）实训作业

通过公式计算或查表，完成预产期的推算。

实训二 发情鉴定

（一）实训目的

（1）了解发情鉴定的方法。
（2）能准确判定母猪的配种时间。

（二）实训动物

后备母猪、断奶母猪。

（三）实训步骤

1. 判别发情母猪和断奶母猪

工作人员进入母猪舍，根据管理人员的介绍，寻找可能发情的后备母猪和断奶后的母猪。

2. 观察发情行为

母猪表现为不安，走动，有爬跨行为；中后期表情呆滞，隔栏静望，对声音反应灵敏，竖耳静所。采食时间延长，且采食安静，不争不抢。有"静立反射"或"压背反射"。工作人员站在疑似发情母猪的侧面或后方，用双手用力按压母猪背部或者坐上，如果母猪站立不动，两腿叉开，尾巴用向一侧，且神情呆滞，说明此时最适配种。

3. 发情鉴定

（1）观察外阴变化 包括阴户肿胀与消退、阴户颜色变化、黏液量多少、黏膜颜色的变化等。发情母猪最早表现出的是阴户肿胀，随后肿胀逐渐褪去且开始慢慢出现皱褶。初产母猪的皱褶没有经产母猪的明显。而阴户的颜色由肿胀时的红色逐渐开始慢慢变淡。阴道分泌黏液起初较少，呈白色，持续时间较短，随后变稠、变少，再后变得透明，随后又变稠、变少，最后呈现拉丝状。故输精的最佳时间是阴户由肿胀到消退且出现明显皱褶，即恢复到肿胀前的状态，阴户的颜色接近平常时，且阴户端部几乎不再有黏液为宜。

（2）行为变化 表现为不安，走动，有爬跨行为；中后期表情呆滞，隔栏静望，对声音反应灵敏，竖耳静所。

（3）采食情况 采食时间延长，且采食安静，不争不抢。接着是听母猪的叫声。发情初期声音短而低且呈现间断性。接着是算母猪的母猪发情周期、发情持续期以及断奶后的时间。母猪发情期一般为 3~4d，个别为 2~3d。如果小于 2d 属于异常发情，需查明原因。针对母猪有"静立反射"或"压背反射"，通过按背确定输精时间。在母猪发情期内，最好每 12h 测试一次，这样有利于把握最佳输精时间。

如果不好确定，可以用公猪试情，将疑似发情母猪赶到配种场或配种栏内，让试情公猪与疑似发情母猪接触，如果接受情公猪的爬跨，说明此时可以进行本交配种。

最后综合考虑分析，找出母猪最佳配种时间。

另外，大型晚熟品种猪发情征候不明显，所以在生产实践中最好用善于交谈、唾沫分泌旺盛、行动缓慢的老公猪进行 2 次试情，具体时间每天上午 8：30 以前，下午 17：00—18：00。

（四）实训作业

填写母猪发情鉴定表（表 3-12）。

表 3-12　母猪发情鉴定记录表

栏号	母猪品种	母猪编号	发情鉴定					鉴定结果
			行为变化			阴户变化	公猪试情	
			爬跨	采食	静立反射			

实训三　妊娠诊断

（一）实训目的

学会用诊断仪诊断母猪的妊娠。

（二）实训材料和动物

实训材料：A 型超声波诊断仪、B 型超声波诊断仪。

实训动物：3~5 周以上的配种母猪。

（三）实训方法

1. 判别妊娠母猪

检查人员进入妊娠母猪舍，根据配种记录，找出 3~5 周以上的配种母猪，观察母猪的行为、采食和睡眠，如果行为稳重，采食旺盛，喜欢睡觉，而且皮毛光亮，基本确定为妊娠。有个别猪，在 3 周左右出现假发情，但是不影响食欲，且对公猪不敏感。如果不能确定可以借助妊娠诊断仪来确诊。

2. A 型超声波诊断法或 B 型超声波诊断法

（1）A 型超声波诊断　通常在母猪配种后 30d 和 45d 进行 2 次妊娠诊断。

测定部位在母猪两侧后肋腹下部、倒数第 1 对乳头的上方 2.5cm 处，在此处刮毛后涂些植物油。然后将妊诊断仪探头紧贴在测定部位，拇指按压电源开关，对子宫进行扫描。如果仪器发出连续的"嘟"声即判定为阳性，说明母猪已妊娠；若发出断续的"嘟"声则判定为阴性，说明母猪没有妊娠。

A 型超声波诊断仪的特点是体积小、携带方便、操作简单、价格便宜，其发射的超声波遇到充满羊水而增大的子宫就会发出声音以提示妊娠。

（2）B 型超声波诊断法　B 型超声波诊断一般在配种后 22~40d 进行妊娠诊断。

测定部位在下腹部、后腿部前乳房上部，这些地方母猪毛稀少，不需要剃毛，只需要涂上耦合剂即可。此时母猪不需保定，但要保持安静。在 22~24d 断层声像图能够显示完整孕囊的液性暗区，超过 25d，在完整孕囊中会出现较强的胎体反射的回声，超过 50d 能听到部分孕囊和胎儿骨骼回声。

B 型超声波诊断仪的特点是可通过探查胎体、胎水、胎心搏动及胎盘等来判断妊娠阶段、胎儿数及胎儿的状态等，且时间早、速度快、准确率高。

注意事项：在用 A 超进行妊娠诊断时，也会出现假象，让我们误认为母猪妊娠。造成假象的原因如下：直肠可能有粪便或者膀胱中有尿液，子宫化脓或子宫内膜水肿。采用 B 超可以看到子宫和胎儿的情况，结果更为准确可靠。

（四）实训作业

填写妊娠诊断结果表（表 3-13）。

表 3-13　母猪妊娠诊断记录表

栋号	栏号	母猪耳号	诊断方法			诊断结果
			观察	A超	B超	

拓展知识

知识点一　同期发情技术

同期发情技术是指控制发情周期，使一群母猪在预定的时间内集中发情的处理方法。同期发情的基本原理，是通过调节发情周期控制母猪群体的发情排卵在同一时期发生，使黄体期延长或缩短的方法，通过控制卵泡的发生或黄体的形成，均可使动物达到同期发情并排卵。可使母猪的发情、配种、妊娠、分娩及仔猪的培育和断奶等相继得到同期化。

延长黄体期的方法是进行孕激素处理。孕激素种类很多，常用的有黄体酮、甲羟孕酮、甲地孕酮等，它们对卵泡发育具有抑制作用，通过抑制卵泡期的到来而延长黄体期。处理方法有皮下埋植、阴道海绵栓、口服和肌肉注射等。

缩短黄体期的方法有注射前列腺素、促性腺激素或促性腺激素释放激素等。总之，所有能诱导动物发情排卵的方法均可用于诱导同期发情。

（一）青年母猪的同期发情

1. 未进入初情期的青年母猪发情同期化——促性腺激素+PGF2a 法

每 4~6 头青年母猪为一群进行群养，在青年母猪初次发情前 20~40d，每头母猪一次注射 200IU 的人绒毛膜促性腺激素（HCG）和 400IU 孕马血清促性腺激素（eCG 或 PMSG）。一般注射 3~6d 后母猪表现发情，但发情时间差异较大。如果从注射当日开始，每天让青年母猪与试情公猪直接接触，可增强同期发情效果。在禁闭栏内饲养的青年母猪同期发情处理效果不及群养母猪。第一次激素处理尽管能使绝大多数青年母猪在一定时间内发情，即使不表现发情，一般也会有排卵和黄体形成，但发情时间相差天数可达 3~4d。要提高第二个发情期的同期发情率，应该在第一次注射促性腺激素后 18d 注射 PGF2a 及其类似物，如注射率前列烯醇 200~300μg。通常在注射 PGF2a 及其类似物后 3d 母猪表现发情，而且发情时间趋于一致。如果母猪此时体重已达到配种体重，就可以安排配种。此法达到青年母猪同期发情目的的关键是掌握好青年母猪的初情期的时间。如果注射过早，青年母猪在发情后很长时间仍未达到初情年龄，则不再表现发情；如果注射太晚，青年母猪已经进入发情周期（即在初情期之后），则很多母猪不会因为注射促性腺激素而发情，发情时间就不会趋于一致。用此法进行同期发情处理后，在受胎率方面不低于自然发情配种的受胎率。

2. 初情期后或已妊娠母猪发情同期化——PGF2a 法

如果母猪已经过了初情期，要进行同期发情处理，可对已经发情的母猪进行单圈配种 2 周，再经过 2 周后对已经配种的母猪群注射 PGF2a 或其类似物。这样再注射激素后，妊娠母猪会流产，配种未受孕的母猪在发情后都会因黄体退化而同时发情。由于妊娠早期的母猪流产后不会有明显的反应，因此对再发情和受胎没有太大的影响。

3. 初情期后的青年母猪发情同期化方法——孕激素法

初情期后的青年母猪可用孕酮处理 14~18d，停药后，母猪群可同期发情。母猪需要较高水平的黄体激素来抑制卵泡的生长和成熟，如用烯丙基去甲雄三烯醇酮，每天按 15~20mg 的剂量饲喂母猪，18d 后停药可以有效地达到母猪群的同步发情，其每窝产仔猪与正常情况下相同或略有提高。

（二）经产母猪的同期发情

1. 同期断奶法

经产母猪发情同期化，最简单、最常用的方法是同期断奶。对于分娩 21~35d 的哺乳母猪，一般都会在断奶后 4~7d 发情。对于分娩时间接近的哺乳母猪实施同期断奶，可达到断奶母猪发情同期化目的。但单纯采用同期断奶，发情同期化程度较差。

2. 同期断奶和促性腺激素结合

在母猪断奶后 24h 内注射促性腺激素，能有效地提高同期断奶母猪的同期发情率。使用孕马血清促性腺激素诱导母猪发情应在断奶后 24h 内进行，初产母猪的剂量是 1000IU，经产母猪 800IU；使用人绒毛促性腺激素或促性腺激素释放激素及其类似物进行同步排卵处理时，哺乳期为 4~5 周的母猪应在孕马血清促性腺激素注射后 56~58h 进行，哺乳期为 3~4 周的母猪应在孕马血清促性腺激素注射后 72~78h 进行；输精应在同步排卵处理后 24~26h 和 42h，分两次进行。

知识点二　胚胎生长发育规律及其影响因素

从精子与卵子结合、胚胎着床、胎儿发育直至分娩，这一时期称为妊娠期，对新形成的生命个体来说，称为胚胎期。

（一）胚胎生长发育规律

初生仔猪重为 1.2kg 左右，整个胚胎期的质量增加 200 多万倍，而生后期的增加只有几百倍，可见胚胎期的生长强度远远大于生后期。

进一步分析胚胎期的生长发育情况可以发现，胚胎期前 1/3 时期，胚胎质量的增加很缓慢，但胚胎的分化很强烈，而胚胎期的后 2/3 时期，胚胎质量的增加很迅速。以民猪为例，妊娠 60d 时，胚胎重仅为初生重的 8.7%，其个体重的 60% 以上是在妊娠的后一个月增长的。所以加强母猪妊娠前、妊娠后两期的饲养管理是保证胚胎正常生长发育的关键。

（二）胚胎死亡规律

母猪一般一次排卵 20~25 枚，卵子的受精率高达 95% 以上，但产仔数只有 13 头左右，这说明近 30%~40% 的受精卵在胚胎期死亡。胚胎死亡一般有三个高峰期。

1. 第一个高峰期

妊娠前 30d 内的死亡　卵子在输卵管的壶腹部受精形成合子，合子在输卵管中呈游离状态，并不断向子宫游动，24~48h 到达子宫系膜的对侧上，并在它周围形成胎盘，这个过程需 12~24d。受精卵在第 9~13 天的附植初期，易受各种因素的影响而死亡，如近亲繁殖、饲养不当、热应激、产道感染等，这是胚胎死亡的第一个高峰期。

2. 第二个高峰期

妊娠中期的死亡妊娠 60~70d 后，由于胚胎在争夺胎盘分泌的某种有利于其发育的蛋白质类物质而造成营养供应不均，致使一部分胚胎死亡或发育不良。此外，粗暴地对待母猪，如鞭打、追赶等以及母猪间互相拥挤、咬架等，都能通过神经刺激而干扰子宫血液循环，减少对胚胎的营养供应，增加死亡。这是胚胎死亡的第二个高峰期。

3. 第三个高峰期

妊娠后期和临产前的死亡此期胎盘停止生长，而胎儿迅速生长，或由于胎盘功能不健全，胎盘循环失常，影响营养物质通过胎盘，不足以供给胎儿发育所需营养，致使胚胎死亡。同时母猪临产前受不良刺激，如挤压、剧烈活动等，也可导致脐带中断而死亡。这是胚胎死亡的第三个高峰期。

（三）影响胚胎存活率的因素

影响胚胎存活率高低的因素很多，也很复杂，主要有以下几种。

（1）遗传因素　不同品种猪的胚胎存活率有一定的差异。据报道，梅山猪在妊娠30日龄时胚胎存活率（85%~90%）高于大白猪（66%~70%），其原因与其子宫内环境有很大关系。

（2）近交与杂交　繁殖性状是对近交反应最敏感的性状之一，近交往往造成胚胎存活率降低，畸形胚胎比例增加。因此在商品生产群中要竭力避免近亲繁殖。

杂交与近交的效应相反，繁殖性状是杂种优势表现最明显的性状，窝产仔数的杂种优势率在15%以上。因此在商品生产中应尽力利用杂种母猪。

（3）母猪年龄　在影响胚胎存活率的诸因素中，母猪的年龄是一个影响较大、最稳定最可预见的因素。一般规律是，第5胎以前，窝产仔数随胎次的增加而递增，至第7胎保持这一水平，第7胎后开始下降。因此要注意淘汰繁殖力低的老龄母猪，由壮龄母猪构成生产群。

（4）公猪的精液品质　在公猪精液中，精子占2%~5%，每1mL精液中约有1.5亿个精子，正常精子占大多数。公猪精液中精子密度过低、死精子或畸形精子过多、pH过高或过低、颜色发红或发绿等均属异常精液，用产生异常精液的公猪进行配种或人工授精，会降低受精率，使胚胎死亡率增高。

（5）母猪体况及饲粮营养水平　母猪的体况及营养水平对母猪的繁殖性能有直接的影响。母体过肥、过瘦都会使排卵数减少，胚胎存活率降低。妊娠母猪过肥会导致卵巢、子宫周围过度沉积脂肪，使卵子和胚胎的发育失去正常的生理环境，造成产仔少，弱小仔猪比例上升。在通常情况下，妊娠前、中期容易造成母猪过肥，尤其是在饲粮缺少青绿饲料的情况下，危害更为严重。母体过瘦，也会使卵子、受精卵的活力降低，进而使胚胎的存活率降低。中上等体况的母猪，胚胎成活率最高。

（6）温度　高温或低温都会降低胚胎存活率，尤以高温的影响较大。在32℃左右的温度下饲养妊娠25d的母猪，其活胚胎数要比在15.5℃饲养的母猪约少3个，因此，猪舍应保持适宜的温度（16~22℃）、相对湿度70%~80%为宜。

（7）其他　母猪配种前进行短期优饲，配种时采用复配法，建立良好的卫生条件以减少子宫的感染机会，严禁鞭打，合理分群防止母猪互相拥挤、咬架等，均可提高母猪的产仔数。

项目思考

1. 母猪的发情行为有哪些？
2. 如何确定母猪的最佳输精时间？
3. 母猪不发情的原因有哪些？怎样处理？
4. 母猪输精前应做哪些准备工作？
5. 如何提高母猪的受胎率？
6. 什么是催情补饲？
7. 限制饲喂方法有哪些？

项目四 分娩舍管理

管理要点

1. 减少死胎——严格执行饲喂程序，做好分娩监控。
2. 加强分娩舍仔猪的饲养管理，提高初生仔猪的成活率。
3. 加强分娩舍母猪的饲养管理，发挥母猪的生产潜能，提高分娩舍的各项生产指标。
4. 正确的态度，准确及时地记录。
5. 良好的环境控制。

饲养目标

分娩猪舍是规模化养猪生产中母猪分娩和仔猪出生的场所。养好分娩舍猪群，应针对母猪在临产、哺乳阶段以及仔猪在哺乳、断奶阶段不同的生理特点和营养需求，结合猪场的实际情况，从环境控制、饲料营养、科学管理等多方面入手，让母猪发挥最大的生产潜能，最大限度地提高分娩舍的各项生产指标，以产生最高的经济效益。

必备知识

母猪分娩是养猪生产中最繁忙的生产环节，是能繁母猪生产过程中十分重要且又复杂的阶段，是解决猪源的关键。其任务是保障母猪安全分娩，尽可能地提高仔猪成活率、断奶重，控制好母猪膘情。做好母猪分娩前、中、后的护理工作，不仅能增强母猪的繁殖性能，提高仔猪的成活率，还能有效地预防一些疾病的发生。

一、分娩舍环境设备管理

（一）分娩舍工作总论目标

哺乳母猪的饲喂（产后 7d 内饲喂量的控制，7d 后的采食量最大化）；关注重点指标：母猪膘情、仔猪的成活率和正品率、断奶重。

（1）保证哺乳母猪的失重不高于 7.5%，断奶时 P_2 背膘厚度为 16mm 左右，不低于 13mm。

（2）哺乳期仔猪（活仔）成活率 92% 以上（健仔成活率为 96%）。

（3）3 周龄断奶仔猪平均体重 6kg 以上。

（4）做好哺乳仔猪四关的管理：初生关、诱食关、断奶关、旺食关。

（二）分娩舍进猪前准备

根据母猪的预产期推算，在母猪临产前 1 周左右，应对产房进行冲洗、消毒和干燥，检查产床、保温灯、风机等设施设备是否都能正常使用，调节好母猪、仔猪饮水器出水量，并在母猪的食槽内添加预防应激药物，如电解多维或维生素 C 等。产房要求干燥、保温、空气新鲜及采光好。在炎热的夏季如果产房温度过高，应及时降温，如采用风机水帘降温；在寒冷地区，冬季和春季应提前做好防风保暖工作。

1. 设备及水源检查

（1）检查水阀是否打开、水嘴是否都能正常运转及水流量的大小。

（2）检查料线、风机、水帘、保温设备（灯泡、插排）是否正常。

（3）栏内是否有异物如铁丝、扫帚条，以防划伤母猪。

（4）仔猪料槽是否清洗干净，有无消毒水，归类摆放是否整齐。

（5）母猪槽内是否有消毒水、锈水及其他异物，及时清理。

（6）检查母猪栏位前门是否关好。

2. 物品准备

（1）清扫工具　簸箕、扫帚、铲子、水管。

（2）药品及器具　注射器、肾上腺素、阿莫西林钠、生理盐水。

3. 进猪通道整理

（1）赶猪通道的每扇门都关好，并交代所有人随手关门，防止母猪进入其他房间。

（2）用铁栏片将门护住，防止母猪拥挤，使门损坏。

（三）分娩舍进猪工作

1. 赶猪

（1）使用挡猪板。

（2）动作轻柔，禁止使用暴力。

（3）切忌与母猪抢道，造成人员伤害。

（4）赶猪切忌慌乱急躁，以防母猪惶恐乱窜导致应激、早产。

（5）母猪进入栏内后，安装防压栏。

（6）清理过道粪便。

2. 交接

（1）与配种房核对所转母猪头数、耳牌，填写交接表。

（2）检查母猪预产期。

（3）观察母猪健康状况是否有异常。

（4）配怀舍注意检查曾经用于填补空栏、机动栏的怀孕母猪，防止漏转至产房。

3. 母猪登记

（1）及时挂卡片，母猪耳号与卡片必须一致。

（2）调整料筒刻度。

（3）登记每间猪群存栏明细表。

二、分娩舍母猪管理

（一）待产母猪的饲养管理

1. 做好环境卫生

做好环境卫生可以有效减少病菌的生长繁殖。夏季应做好高温防暑，打开风机的同时可以喷雾降温，但湿度不能过大，防止温度应激。冬季注意保温，增加取暖措施，保证适宜温度，分娩舍内温度控制在18~22℃。在母猪分娩前必须做好母猪的清洁卫生，将母猪身上的粪污清洗干净并进行消毒和体外驱虫，以免分娩后传染仔猪，如使用12.5%双甲脒喷雾驱虫。分娩前几天母猪喜卧，不喜欢过多地运动，故此间应给母猪创造较安静、舒适的环境。饲养员应多与母猪接触，并在喂食或清扫圈舍卫生时，用手抚摩或用软刷刷拭母猪身体，使其形成不怕人的条件反射，为接产时人接触母猪做好准备。

2. 合理饲喂

在产前一周开始将饲料逐渐更换为哺乳母猪料，在产前第四天开始控料

（可以按 0.5kg/d 进行递减），防止母猪过肥引起产出弱仔及产后行动不便压死仔猪，或者胎儿生长过大导致难产。发现临产症状后，应停止喂料，只喂豆饼麸皮汤。如母猪膘情较差，乳房干瘪，则不但不应减料，还要加喂豆饼等蛋白质催乳饲料，防止母猪产后无奶。特别要防止饲料霉变，禁止饲喂霉变饲料，在雨雪季节和饲料水分高于 13%时，每 1t 饲料加 500~800g 脱霉剂（霉菌毒素吸附剂），全天饲喂。

3. 合理使用氯前列醇与缩宫素

母猪提前或延迟 1~2d 产仔都是正常，但对饲养人员的生活影响很大，若做好了药物控制，使母猪规律生产，便于接产管理，可以有效地减少劳动量。对于妊娠 112~113d 的临产母猪，通常在上午 8：00—10：00 肌肉注射 0.2mg氯前列醇，注射后 24h 左右可产出第一头仔猪。如果生产不顺利，可配合肌肉注射 10~40IU 缩宫素，使其产程控制在 3h 左右，至胎衣排出。通常情况下，妊娠期小于 111d 的母猪不使用氯前列醇，如果注射过早，死胎率会大大提高。缩宫素可少量多次使用，切忌一次性大剂量使用，否则会有母猪的产道和子宫撕裂的风险。只有在掌握好配种记录的同时推算好预产期，才能使母猪在预定时间分娩，达到省时省力的效果。

4. 做好产前观察

母猪分娩前一周乳腺发育逐渐充实，乳房基部和腹部之间呈现明显的界限，随着临产的接近这种界限变化越来越明显。母猪怀孕后期活动明显减少，性情变得温驯并喜欢躺卧，但母猪在分娩前两天却一反常态，一般表现为烦躁不安，吃食不正常，并有防卫反应，当陌生人走近时会出现张口攻击动作。随着临产时间接近，母猪排粪次数会增加。观察母猪的临产征兆可采用"三看一挤"（看母猪乳房、行为表现、尾根，挤乳头）的方法。

一看，看母猪乳房是否膨大有光泽：因母猪在临产时，乳房是膨大有光泽的，两侧乳头呈外八字形向外分开，乳头有滴出乳汁迹象，此后不久就要分娩了。二看，看母猪临产行为表现：临产前母猪表现食欲减退、起卧不安、频繁排尿、在圈舍里来回走动并叼草絮窝等，这些行为出现后一般在 16h 以内就要分娩了。三看，看尾根是否下凹：因为母猪临产前尾根两侧下凹、阴道外阴松弛、阴唇红肿。若母猪的阴门处有羊水或者胎粪排出，说明即将有小猪产出。一挤是挤乳头。一般情况下，母猪胸部前面的乳头出现浓乳汁后，大约在 24h后就可能分娩，中间乳头挤出乳汁时大约在 6h 就可分娩，最后一对乳头挤出乳汁时应在 2~4h 即可分娩。但以上时间不是绝对的，由于母猪的分娩时间与饲养管理及喂料方式、品种、体况、环境等有关（表 4-1）。

表 4-1　母猪产前表现及产仔时间

产前表现	距产仔时间
乳房胀大（俗称"下奶缸"）	15d 左右
阴户红肿，尾根两侧开始下陷（俗称"松垮"）	3~5d
挤出乳汁（乳汁透明）	1~2d（从前面乳头开始）
叼草做窝（俗称"闹栏"）	8~16h（初产猪、本地猪种和冷天开始早）
乳汁为乳白色	6h 左右
每分钟呼吸 90 次左右	4h 左右（产前一天每分钟呼吸约 54 次）
躺下、四肢伸直、阵缩间隔时间逐渐缩短	10~90min
阴户流出分泌物	1~20min

引自：杨公社. 猪生产学［M］. 北京：中国农业出版社，2002.

（二）分娩阶段

分娩是胎儿脱离母体成为独立存在个体的这段过程。根据生产实际情况，可以将分娩过程分为准备阶段、产出胎儿、排出胎盘三个阶段。

1. 准备阶段

在准备初期，子宫以每 15min 左右周期性收缩，每次收缩维持约 20s，随着时间的推移，收缩频率、强度和持续时间不断增加，直到收缩周期变为几分钟。在准备阶段开始不久后，阵缩力压迫胎膜胎水，迫使其移向子宫颈内口；随着胎衣胎水不断流入子宫颈管，迫使子宫颈管逐渐张开，直至与阴道界限消失，此时，大部分胎盘和子宫的联系被破坏和脱离。整个准备阶段需 2~6h，若准备阶段超过 6~12h，会造成分娩困难。在准备阶段结束时，胎儿已到达入骨盆入口。母猪行为表现为喜在安静处时起时卧，稍有不安，尾根举起常作排尿状，衔草做窝。

2. 产出胎儿

当胎儿进入骨盆入口时，子宫继续收缩，力量比前期加强，次数增加，持续期延长，间歇期缩短，同时膈肌和腹肌的反射和收缩，使腹腔内压力升高，导致羊膜破裂。子宫收缩伴随着腹腔内压升高迫使胎儿通过产道排出体外。每头仔猪的排出间隔时间为 5~25min，如果距离上一头仔猪排出时间大于 30min 没有仔猪排出，说明有难产的迹象。母猪行为表现起卧不安，前蹄刨地，低声呻吟，回顾腹部，呼吸、脉搏增快。最后侧卧，四肢伸直，强烈努责，迫使胎儿通过产道排出。

3. 排出胎盘

胎盘是母体与胎儿间进行物质交换的器官，是胚胎与母体组织的结合体，由羊膜、叶状绒毛膜和底蜕膜构成。胎盘的排出与子宫收缩有关，一般最后一头仔猪产出后 10~30min 内胎盘就会排出，胎盘的排出预示着分娩结束。当母猪产仔完毕后，表现为安静，阵缩和努责停止。休息片刻之后，母猪开始闻嗅仔猪。不久阵缩努责又起，但力量较前期减弱，间歇期延长。最后排出胎衣，母猪恢复安静。

（三）母猪分娩过程中的护理

1. 接产准备

在母猪出现临产征兆时，应立即对外阴及其周围、腹部进行擦洗和消毒，同时用温水浸泡已消毒的毛巾清洗乳房，并挤掉乳头中分泌的少量陈旧乳汁，保证仔猪能吃到新鲜、卫生的初乳。从预期的分娩时间开始及临产征兆出现后，直到分娩结束期间，母猪不能离开接产人员视线，要定时检查母猪分娩情况。一般从宫缩开始到第一头仔猪娩出约需 2h，如果在预定时间内没有仔猪产出，应立即查看产道，是否难产。检查时，可以通过按摩母猪乳房，使母猪安静。

接产物品主要包括接产器具和接产药品两类。常用接产器具主要有消毒毛巾、细绳、手术剪、断尾钳、剪牙钳、助产手套、润滑液、输液器、注射器等。常用接产药品主要有密斯陀粉、高锰酸钾、碘酊、催产素、抗生素、能量合剂、抗厌氧菌药物等。

2. 产中输液

母猪分娩是一项高强度、长时间的体能消耗过程，整个过程母猪的体能消耗很大，很容易导致产中体能耗尽、极度疲劳、代谢紊乱、剧烈疼痛等。在分娩过程中给母猪输液，不仅可以缓解母猪分娩疲劳、分娩疼痛、补充能量、纠正代谢紊乱，还可以兼顾到消炎工作。在生产实践中常用三瓶输注方案：第一瓶，0.9%氯化钠注射液+抗生素+鱼腥草；第二瓶，5%葡萄糖注射液+能量合剂；第三瓶，0.9%氯化钠注射液+抗厌氧菌药物。

3. 难产母猪的助产

母猪能否顺利分娩主要取决于产力、产道宽度以及胎儿大小三方面的因素。产力异常是由于母体营养不良、疾病、疲劳及分娩时外界因素的干扰等，使孕畜产力减弱或不足；产道异常是指子宫颈狭窄，阴道狭窄和骨盆狭窄；胎儿异常是指胎儿活力不足、畸形、过大、胎位的下位和侧位、胎头弯曲、关节屈曲以及胎向的异常。其中一种或者多种因素异常，都可以导致难产。

在接产过程中，发现有下列情形之一，则可以判断为母猪难产：一是母猪破水或者胎粪排出 40min 后仍不见仔猪产出；二是母猪长时间强烈努责、呼吸困难，心跳加速仍不见仔猪排出；三是前后 2 头仔猪出生间隔大于 30min；四是母猪产仔 3h 后仍未排出胎衣；五是母猪外阴部可见仔猪脚，但未能排出仔猪；六是其他难产行为表现。

　　母猪在分娩过程中一旦出现上述行为，应立即进行助产。常见的助产方法有运动助产、按摩助产、按压助产、药物助产、徒手牵拉助产、机械牵拉助产、剖腹产七种：

　　（1）运动助产　将母猪从产房中赶出，在分娩舍过道中驱赶运动几分钟，以期调整胎儿姿势，然后再将母猪赶回产房中分娩，往往会发到较好的效果。注意不要让母猪剧烈运动及摔倒。

　　（2）按摩助产　将双手手指伸并拢重叠放在母猪胸部从前向后推按下腹部乳房区，刺激母猪努责，待母猪努责逐渐增强后，改用一手继续推按母猪的乳房区，另一手按压母猪侧腹部（哪处高要按压住哪处），有节奏的向下施压，两手相互配合进行按摩按压。随着按摩的进行和母猪努责频率不断加强，最后将仔猪排出体外。主要用于母猪生产过程中子宫收缩无力。

　　（3）按压助产　母猪努责后迟迟不见仔猪产出或产仔吃力时，可以采取踩压助产法。助产人员虚空着脚踩压母猪的侧腹部进行助产，切不可踏实的踩压。其具体方法：双手扶住栏杆（没有栏杆的可以扶着墙体，也可自制栏杆），轻轻地用脚踩压母猪腹部，自前向后均匀的用力踩压，借助踩压的力量让母猪产出仔猪（手不能放松，母猪越用力怒责就越要踩住）。如果踩压不能奏效时，很可能是发生了较复杂的难产，应当进行产道、胎位、胎儿等方面的综合检查，然后再制定方案将胎儿取出。待取出一头仔猪后，还可以采用踩压等方法进行助产，如生产顺畅可让其自行生产。

　　（4）药物助产　经产道检查，确诊产道完整畅通，胎位正常，属于子宫阵缩努责微弱，在使用运动助产、按摩助产，按压助产均没有效果的时候，可采用药物进行催产。催产药可选用缩宫素，肌肉或皮下注射 10~20U（初产母猪可以适当加量），可以每隔 30~45min 注射一次。为了提高缩宫素的药效，也可以先肌注雌二醇 10~20mg 或其他雌激素制剂，再注射缩宫素。

　　（5）徒手牵拉助产　当药物助产仍无效时，应立即进行徒手牵拉助产。助产前，先用消毒液洗净母猪外阴及周围皮肤，剪平手指甲，清洗干净手臂或者戴上长臂手套并涂抹润滑剂，五指并拢呈圆锥状，结合努责节律慢慢伸入产道，摸到仔猪后，先调整胎位，再用手抓住仔猪的耳朵、眼眶或将拇指和食指插入其犬齿后面，随母猪努责将仔猪缓慢拉出（当仔猪倒生时，可用手指握住仔猪两后肢，随猪努责将仔猪慢慢拉出。再随母猪努责慢慢拉出仔猪），在助产中切勿损伤产道和子宫，助产后，应使用抗生素或其他抗炎症药物。

　　（6）机械牵拉助产　当徒手牵拉助产不能将仔猪顺利地拉出时，应立即采用机械牵拉助产。一般采用产科绳或产科钩等进行助产，此方法对仔猪伤害比较大甚至会造成死亡，同时也可能损伤母猪产道。用产科绳助产时，绳的一端系一活套，用手将产科绳套带入子宫，套住仔猪的上颌骨、前肢或后肢缓慢牵拉；用产科钩助产时，将产科钩置于手掌心，用手护住产科钩将其带入到产道内，钩住仔猪眼眶、下颌骨间隙或上颚等处将仔猪掏出。器械助产主要适用于难产程度较大的难产，助产时应配合母猪的努责。

（7）剖腹产　利用手术的方法切开母猪的腹腔和子宫，取出仔猪。剖腹产对母猪的伤害很大，当上述助产方法均不能使仔猪产出时，才可以使用剖腹产。

对难产母猪的助产方法选择上，应由简单到复杂，对母猪损伤程度由小到大，不轻易选择机械牵拉助产和剖腹产。药物助产的使用上，小剂量重复使用比一次性大剂量使用效果好。

（四）母猪产后护理

母猪分娩后，不仅生殖器官会发生较大变化，同时，机体的抵抗力也会明显下降，如若养猪场户对母猪产后保健护理不当，不仅会影响到母猪产后生殖生理机能的恢复，而且还会影响到母猪日后繁殖生产性能的充分发挥。因此，做好母猪产后保健护理，使母猪产后生殖生理机能的快速恢复，为提高母猪繁殖性能具有重要意义。

1. 做好环境控制

（1）产房设备　待产母猪在转入产房后，分娩之前，养猪场户应提前做好相关准备，对产房、产床、食槽和饮水器等做好清洗和消毒（包括仔猪的食槽、饮水碗等），在待产母猪临产前12h左右调试好产房内的取暖设备、光照设备和通风换气设施，并将舍温逐渐升高至22~26℃即可将待产母猪转入产房内饲养。

（2）温度湿度　母猪分娩以后分娩舍的温度应该控制在22~26℃，相对湿度65%~75%。在冬春寒冷季节遇气候多变和气温较低的天气时，应适时关闭产房内的门窗，有必要时可适时开启母猪产房内的保温增温设备，确保母猪产房内温暖干燥；在开启门窗时，切不可因母猪产房内空气一时出现污浊而突然间将门窗大开，让冷空气猛然间直接吹入到母猪产房内，若室温突然下降，极有可能导致母猪和哺乳仔猪发生感冒等呼吸道疾病。在天气晴好、气温较高时，除了应适时开启门窗增大母猪产房内的自然通风对流外，对产房内配置有风扇或风机的，应适时开启风扇或风机通风换气，尤其是夏秋高温季节更应注意母猪产房内的通风降温。母猪分娩后体力消耗较大，以及给仔猪哺乳的原因，母猪会经常躺卧，如若产房内湿度过大，可能会导致母猪的后躯和某些部位发生皮肤病，而且产房内过湿还有助于细菌和微生物的繁殖，易对对母猪和仔猪产生不良影响。

（3）防止应激　母猪在分娩过程中耗费了大量的体力，产后身体比较虚弱，需要休息和安静的饲养环境。因此，饲养员、兽医人员在饲喂、清洁卫生、打针及仔猪护理时要尽可能不打扰母猪休息，尤其是应注意防范仔猪意外的惊叫，否则会影响母猪体能的恢复，甚至会导致母猪分泌紊乱、泌乳功能减退等泌乳障碍综合征。仔猪断奶后并群或分群转栏时，应尽量将母猪从产房内转出，以尽可能减少母猪产后的应激因素。

2. 做好卫生与消毒

母猪分娩结束后，应及时清除胎衣、胎水以及死胎等污染物，并对其做好无害化处理，对产房及时进行常规的卫生与消毒护理，以避免病原微生物入侵，防范影响母猪产后的生殖健康。及时清除母猪身上的污染物，并用温肥皂水或高锰酸钾溶液等消毒液对母猪的阴部及后躯进行清洗，最好是母猪产后1周内每天均应进行清洗（切忌不可用凉水清洗，若母猪产后受凉，极可能出现产后应激综合征），防治病原体进入生殖道造成感染或被仔猪舔食。此外，在母猪哺乳之前，应用温高锰酸钾溶液对母猪的乳房和腹部进行洗涤消毒，并适时辅助仔猪吸食母猪的初乳。

3. 做好营养保健

母猪在分娩时子宫收缩，血液循环加快，胎儿和羊水等附属物的排出，母猪生产不仅体力消耗较大，而且体内的水分、盐分和糖分均消耗较为严重。一部分母猪在分娩前由于分娩应激过重进食量也较少，产后通常表现体质较差，并常常伴有口渴、疲劳和嗜睡等虚弱症状。为缓解母猪产后虚弱，应及时补水、补盐、补糖，以增强母猪产后的体力，可使用麸皮200~500g、食盐10~30g、红糖100~300g，加适量的温水调匀后，供给母猪产后食用。有必要时还可喂服口服补液盐和电解多维，降低产后应激，利于促进母猪体质恢复和正常泌乳。

此外母猪产后，由于其腹内压骤然下降，母猪的饥饿感较强，因此，应及时补喂质量优且易于消化的饲料，如优质青绿多汁饲料和母猪哺乳料。饲喂量要逐渐递增，慢慢恢复直，切不可操之过急，一是防止母猪暴饮暴食，影响后期采食量；二是初生的仔猪吃奶量有限，如果母猪分泌的奶水过多出现过剩，而未及时排出，容易导致乳腺炎的发生。一般需要经过5~7d的过渡，即可使母猪逐渐恢复采食量，如母猪产后消化机能恢复得较快，且带仔数量又多，则可缩短过渡期。

4. 做好疾病预防

母猪在分娩过程中子宫、产道、骨盆、外阴等均受到了不同程度的损伤，同时骨盆的打开可能会使一些病原微生物乘虚而入，特别是经过人工助产的母猪，更容易出现炎症，直接影响母猪的子宫复原，导致下一次配种推迟。因此，对产后母猪进行必要的药物保健护理，有利于增强母猪产后的抵抗力，减少母猪产仔应激，降低母猪的产科疾病的发病率，提高母猪生产的生产性能。在实际生产中应对产后母猪进行全面的健康评估，根据评估结果选择适宜的药物保健方案。对于药物的选用、用量及用药方式，需要根据实际情况做出选择。用药需要把握药量适当即可，交叉用药，防止出现耐药性。

5. 母猪产后常见问题及护理技术

（1）产后不食　母猪产后拒食的情况较常见，因母猪机体衰弱引起的不食通常表现为精神状况较差，体温偏低，四肢发凉，眼结膜苍白，不愿走动，如处理不及时，可致死亡。护理方法：可用氢化可的松+维生素 C+50% 葡萄糖静脉注射，2~3d 即可恢复。

（2）产后瘫痪　母猪分娩后突发性肌肉松弛、四肢瘫痪及昏迷，是一种以低血钙为特征的代谢性疾病。护理方法：直接静脉注射 10% 葡萄糖酸钙，连用2~3d，同时进行强心、维持酸碱度和电解质平衡治疗；在母猪分娩前适当降低饲料中的钙含量，激活母猪体内的甲状旁腺素。

（3）咬仔　母猪咬仔的原因通常有以下几种：一是饲料中缺乏维生素、矿物质和蛋白质等，导致母猪营养不良；二是母性过强，有吃仔恶癖；三是生产过程中不能及时饮水而致母猪烦躁；四是初产母猪对仔猪的恐惧及生产时的疼痛发泄；五是母猪吃了死胎。护理措施：保证怀孕母猪的饲养需求，做到营养均衡；做好接产工作，及时清理现场死胎和胎衣，避免母猪吞食；仔猪严格圈养，不能串圈；产前让母猪补充足够的水分；在仔猪身上抹涂母猪尿液或乳汁。

（4）拒哺　初产母猪哺育经验不足，会因仔猪吃奶表现出恐惧紧张而拒绝哺乳。护理方法：饲养员可协助仔猪逐渐接触母猪腹部，避免争夺乳头。在初产母猪的怀孕后期按摩其乳房，以提早养成产后哺育习惯。若母猪患乳腺炎导致拒哺，应及时使用抗生素进行治疗。

（五）泌乳母猪的饲养管理

1. 提供充足营养

泌乳母猪除了维持需要外，泌乳需求、体质恢复、生殖系统复原等都需要大量的营养，因此，提供充足的营养物质是母猪泌乳阶段饲养管理最重要的工作内容。实验表明，使用每 1kg 含有 12.983MJ 消化能的饲粮，对哺育 5 头仔猪的母猪，每天需要 4kg 饲粮，每增加一头仔猪，需要多喂 0.4kg 饲粮，如带仔猪 12 头，每天应饲喂 6.8kg。生产中需要根据实际情况测算泌乳母猪营养需求，包括体重、哺乳仔猪数、仔猪的生长率等，只有满足母猪在泌乳期对能量的需求，才能保障仔猪营养需求和母猪身体和生殖系统得到快速的恢复。

2. 加强日常管理

（1）合理饲喂　母猪在分娩完成后即进入泌乳期，饲喂量的增加要慢慢过渡，不可过快，一般在产后1周左右母猪的采食量和消化功能才可恢复正常水平。生产中常用饲喂方案为：产仔当天饲喂1.5~2kg饲粮，产后第2天开始，每天增加0.5kg饲粮，第7天达到自由采食（自由采食最少参考量＝1.5kg+每头仔猪0.5kg饲料需求量）。

（2）饲喂次数　为保持母猪良好的食欲和采食量，应少喂勤添；一般日喂4次为宜，夏季气温高时可在夜间增加饲喂次数，时间为每天的8：00、12：00、16：00和22：00为宜。最后一餐不可提前，使母猪在夜间有饱感，减少起身次数，可以有效降低压死、踩死仔猪的数量，有利于母猪和仔猪休息。对母猪投料量应把握"吃饱、吃光、下顿慌"的原则。

（3）乳房和乳头的护理　仔猪的吸吮直接影响母猪乳腺的发育，应使母猪的乳头得到均匀利用，防止乳房出现大小悬殊和炎症。当母猪产仔过少时，可并窝；若无并窝条件，应训练一头仔猪吸吮多个乳头，防止未被利用的乳房萎缩，影响下一胎仔猪的吸吮。在断奶前几天内，应通过控制饲粮结构和饲喂量，减少或停止母猪乳汁分泌，防止断奶后母猪发生乳腺炎症。

（4）猪舍环境　猪舍内要保持安静、清洁、干燥、卫生、通风良好的环境，除每天打扫外，应坚持2~3d对猪栏和走道进行消毒，应选用对猪无副作用的消毒液喷雾消毒。夏季注意防暑降温，以免影响母猪采食量；冬季和初春季节注重防寒保暖，利于仔猪生长。

（5）观察记录　饲养人员要随时观察母猪采食、精神状态、粪便及仔猪的生长发育情况，以便判断母猪的健康状态。如有异常，应及时查明原因，采取治疗措施，并做好相关记录。

3. 做好疾病防治

母猪在泌乳期易发生产后无奶、少奶，产褥热，乳腺炎，产后瘫痪等常见疾病，因此做好这些疾病的预防工作是泌乳母猪饲养管理的重要内容之一。母猪产后无奶或少奶，常见原因有4种：一是乳腺发育不良；二是营养不足；三是母猪过胖，内分泌失调；四是产道和子宫感染。为克服以上问题应做好母猪饲养管理，及时淘汰老龄和体况不佳的母猪。对于因营养不良导致无奶、少奶的母猪，可饲喂催乳饲料或者使用中药调理；对于产后感染母猪，应及时药物治疗。

母猪发生乳腺炎多由饲喂不当、断奶过急等管理不当导致乳房过度肿胀或由于乳头受损使细菌侵入所致。为减少乳腺炎的发生，可以在泌乳母猪饲粮中添加一些药物提高免疫力，日常管理中注重圈舍的清洁卫生。治疗时，可用手或湿毛巾按摩、擦拭乳房，将残存的乳汁挤出，每天挤 4~5 次，一般 3d 后乳房逐渐萎缩；若乳房已变硬或挤出乳汁中有脓液，应使用抗生素或磺胺类药物进行治疗。

此外，在泌乳期要提供充足的矿物质营养，尤其要注重钙、磷比例，防止发生产后瘫痪等疾病。

三、分娩舍仔猪管理

（一）初生仔猪护理

1. 擦干黏液

仔猪产出后，立即用清洁的毛巾擦净仔猪口腔和鼻腔周围的黏液，以防止仔猪窒息；然后用毛巾或干草擦净仔猪皮肤。这对促进血液循环、防止仔猪温度过多散失和预防感冒非常重要。

2. 断脐带

仔猪离开母体，一般脐带会自行扯断，但仍拖着 20~40cm 长的脐带，此时应及时人工断脐带。先将脐带内的血液向仔猪腹部方向挤压，然后在距离腹部 3~6cm 处（不接触产床漏缝板地面）把脐带用手指掐断，断处用碘酒消毒，若断脐时流血过多，可用手指捏住断头，直到不出血为止。

3. 剪犬齿

为了防止仔猪吃奶时伤害母猪乳头或吮乳争抢时伤害同窝仔猪，一般要使用剪牙钳剪除仔猪的犬齿。仔猪生后的第一天，对窝产仔数较多，特别是在产活仔数超过母猪乳头数时，可以剪掉仔猪的犬齿。对初生重小、体弱的仔猪也可以不剪。去掉犬齿的方法是用消毒后的铁钳子剪去犬齿，断面要剪平整。尽可能在接近牙床表面的地方，把犬齿剪断，不可伤及牙床；否则，不仅妨碍小猪吮乳，而且受伤的牙床将成为潜在的感染点。

4. 断尾

用于育肥的仔猪出生后，为了减少保育、断奶、生长、育肥阶段的咬尾事件，降低被咬尾猪的痛苦和伤口感染机会，要对仔猪实行断尾。一般可与剪犬齿同时进行。常见的断尾方法：

（1）烧烙断尾法　手术时要两人合作，助手抓住仔猪的两条后腿，分开约60°，尾巴朝上。术者左手将仔猪尾根拉直，右手持已充分预热的 250W 电热断尾钳在距尾跟 2.5cm 处，稍用力压下，随烧烙尾巴被瞬间切断。

（2）钝钳夹持断尾法　用钝型钢丝钳在距尾根 2.5cm 处，连续钳两钳子，两钳的距离为 0.3~0.5cm，5~7d 之后尾骨组织由于被破坏停止生长而干掉脱落。

（3）牛筋绳紧勒法 仔猪出生后，用浸泡数天的牛筋线蘸消毒液后在距尾根 2.5cm 处用力勒紧，待 7~12d 后自行脱落，达到断尾目的。此法操作简便，无任何感染。

（4）剪断法 断尾时固定好仔猪，消毒术部，再用已消毒的剪刀在距尾根 2.5cm 处直接剪断尾巴，然后涂上碘酒或止血剂。

5. 打耳号

新生仔猪的耳号编制是每个种猪场必做的工作。仔猪耳号编制得好坏直接影响到以后各阶段种猪生产性能的测定记录、销售种猪的档案记录、血缘追踪记录、遗传信息反馈（如疝气、单睾、毛色、五爪猪）等。仔猪耳号的准确无误对维护"育种管理系统"数据的传递以及了解种猪个体生长发育与种猪本场选留、种猪销售时的系谱档案等种猪生产性能测定的记录系统具有重要作用。

（1）耳缺打法 耳缺编号法对仔猪进行编号，是用耳号钳（图 4-1）按照一定的规律，在猪左、右耳朵的上、下沿及耳尖打上缺口，在耳中间打一洞（图 4-2），每一缺口或洞代表某一数字，其总和即为的个体号。目前国内常用的耳缺打法有两种：一是流水号法，该方法好处是方便简单，缺点是数据范围过小，易在一年内轮回，不适用于大型猪场；二是国标耳缺剪法（窝号+个体号），是目前种猪最普遍使用的标识方法，优点是成本低、辨识速度快，缺点是应激大、易流血、易感染、辨识度受技术员水平影响大，易重复。

① "上 1 下 3" 法：这种方法是利用耳号钳在猪耳朵上打号，每剪一个耳缺，代表一定的数字，把几个数字相加，即得所要的编号。针对猪的左耳、右耳而言，一般应采取左大右小、上 1 下 3、公单母双（或连续排列）的打法。如右耳上缘一个缺口代表 1、下缘一个缺口代表 3。

左耳：上缘一个缺口代表 10，下缘一个缺口代表 30，耳尖缺口代表 200，耳中圆孔代表 800。

右耳：上缘一个缺口代表 1，下缘一个缺口代表 3，耳尖缺口代表 100，耳中圆孔代表 400。

② "个十百千" 法：这种方法是以右耳下缘的耳缺为 "个位"、上缘为 "十位"、左耳上缘为 "百位"、下缘为 "千位"，可记为 "右耳下、上为个、十，左耳上、下为百、千"；其中又将耳分为两个部分，近耳尖处代表 1，近耳根处代表 3。

左耳：上缘近耳根一个缺口代表 300，下缘近耳根一个缺口代表 3000；上缘近耳尖一个缺口代表 100，下缘近耳尖一个缺口代表 1000。

右耳：上缘近耳根一个缺口代表 30，下缘近耳根一个缺口代表 3；上缘近耳尖一个缺口代表 10，下缘近耳尖一个缺口代表 1。

图4-1　耳缺钳

图4-2　耳孔钳

（2）耳牌法　耳牌号应选择印制的正方形小耳牌，编码规则：耳号6位，年份代码（1位大写字母）+流水码（5位数字，最后4位为耳缺号），2017年的年份代码是E，依次类推。耳牌号10位，4位场号+耳号。选择合适的位置，耳牌应打在耳朵的中央，要避免伤及软骨和血管，软骨非常坚韧，会使耳牌弯折无法打上，形成的伤口很容易感染。如果打耳牌时血管被刺破，猪会流血，这样易引起其他猪的注意，从而增加感染的可能性。

耳牌书写方法：①手写；②热压；③激光喷码。新类型标识方法包括微波雷达标识、电子射频标识（RFID）及生物学身份标记（如DNA分型和视网膜识别等），因其成本过高，并未推广使用。优点：辨识准确、辨识速度快、可更改；缺点：易破损、丢失，一旦丢失或破损严重时难于补回、成本较高。建议猪场采用双标识法（耳缺加耳标牌或耳刺加耳标牌），可大大降低单标识无法确认辨识时，猪无法做种猪使用的损失。

（3）耳刺　优点：准确率高、流血少、不易感染；缺点：耳刺钳与油墨质量良莠不齐，清晰度随时间会变淡，辨识时间长。

6. 固定乳头，摄足初乳

（1）固定乳头　固定乳头的目的是防止大欺小以减少初生弱小仔猪的死亡，提高仔猪群均匀度。因此，固定乳头应坚持"自选为主，适当调整，控强扶弱"的原则,方法:先让仔猪自行选择乳头,再按体重大小、体格强弱进行调整,一头仔猪只能专吃一个乳头;为使全窝仔猪发育整齐,宜将体大强壮的仔猪固定在后边奶少的乳头(体大仔猪按摩乳房有力,能增加泌乳量),将体小较弱的仔猪固定在前边奶水多的乳头,以弥补其先天不足。这样可使同窝仔猪生长整齐良好,不出现僵猪,也可避免仔猪为争夺而咬破乳头,母猪所有乳房都能受到哺乳刺激而充分发育,只要母猪体力、表情正常,则其所有的有效乳头都尽量不留空(没有仔猪吃奶的乳房,其乳腺即萎缩),如果仔猪头数不够,可以从其他窝并入。

采用固定乳头的方法:以第1对胸部乳头泌乳最多,第2~6对乳头的泌乳量依次递减,第5对与第6对乳头泌乳量只有第1对的57%左右。因此,在出生的第一次吸乳时就要初步固定乳头,让强仔靠后、弱仔靠前。出生后3~5h内吃奶最易发生争斗,一旦争斗发生要持续几天,所以饲养员在此期间应特别注意。

(2)摄足初乳 母猪产后3~5d内分泌的乳汁为初乳,哺乳1周后的乳汁为常乳,二者在化学成分上是有很大区别。初乳中蛋白质含量特别高,并含有大量的白蛋白和球蛋白,而脂肪含量却很低。初乳能满足仔猪生长对于蛋白质的需要,且符合初生仔猪消化能力差、不易消化大量脂肪的特点。初乳还含有磷脂质、酶和激素,特别是免疫球蛋白,是哺乳仔猪不可缺少的营养物质,它可增强仔猪的体质、抗病能力和对环境的适应能力;初乳中含有较多的镁盐,具有轻泻性,能促进胎粪排出;初乳的酸度高,可促进消化道活动;初乳还含有加速肠道发育所必需的未知的肠生长因子,使仔猪在出生后24h内提高肠生长速度30%左右。因而仔猪在生后立即吃足初乳,具有诸多好处。吃初乳多的仔猪生长快,以生后1h内每头仔猪平均吮乳100mL为例,最先出生的在10min内已吃到90mL的初乳,而最末产出的仔猪,由于初乳中免疫球蛋白迅速下降,初乳吮吸量少,生长会受到影响。

新生仔猪肠道内有胞饮功能,肠道上皮可原封不动地将初乳蛋白吸收到细胞内部,再运送到淋巴和血液中去,供仔猪吸收。随着仔猪肠道的发育,上皮的渗透性发生变化,对蛋白的吸收也随着改变。在生后3h以内,肠道上皮对抗体(γ-球蛋白)吸收能力为100%,3~9h则为50%,9~12h后下降为5%~10%,36h即停止作用。这正是要仔猪尽早(出生0.5~1h,最迟不超过2h)吃上初乳、吃足初乳的原因。

新生仔猪体内最初的抗体水平几乎为零,必须从初乳中获取抗体,初乳中的抗体水平下降快,仔猪吸收初乳中母源抗体的能力下降快,饲养员确保小猪能迅速吃够300mL初乳,尤其弱小的小猪,存活下来的关键在于吃足够的初乳,步骤如下:

①先将母猪的乳房用 0.1% 的高锰酸钾水擦洗消毒；

②挤掉所有乳头的前面几滴乳汁；

③固定乳头，将仔猪全部拿出来，人工辅助吃奶 1 次，并固定乳头：按照大仔猪靠后面，中仔猪靠前面，小仔猪靠中间的顺序；

④弱小仔猪一定要人工辅助吃初乳 6 次以上；

⑤新生仔猪 6h 内不剪牙、不断尾、非必须情况下不做超免，其目的就是尽量减少新生仔猪应激，尽早吃足够的初乳；

⑥收集初乳，保存饲喂仔猪（弱仔猪产后灌服初乳 3d 以上，一天最少 5 次以上）。

7. 防寒保温

（1）仔猪自身供热功能　新生仔猪需要热量多，而出生 24h 内的仔猪基本不能利用乳脂肪和乳蛋白氧化供热，主要热源是靠分解体内储备的糖原和母乳的乳糖。在气温较高的条件下，仔猪出生 24h 后氧化脂肪供热的能力才加强；而在寒冷环境（5℃）下，仔猪需要在出生 60h 后才能有效地利用乳脂肪氧化供热。寒冷是仔猪的大敌，使仔猪变得不活跃，食欲减退，不愿去吃初乳，从而免疫能力下降，导致疾病发生。仔猪的体温调节功能从出生的第 9 天起才开始逐步完善，20 日龄时才接近完善。所以做好仔猪的保温防寒工作，是提高仔猪成活率的一大保证。

（2）仔猪各阶段的适宜温度　不同日龄仔猪最适宜温度为：1~3 日龄，30~32℃；4~7 日龄，28~30℃；8~15 日龄，25~27℃；16~27 日龄，22~24℃；28~35 日龄，20~22℃。相对湿度以 70%~80% 为宜。仔猪调节体温的能力差，怕冷，仔猪正常体温约 39℃，刚出生时所需要的环境温度为 30~32℃，出生仔猪如处于 13~24℃ 的环境中，体温在生后第一小时可降 1.7~7.2℃，尤其 20min 内，由于羊水的蒸发，体温降低更快。仔猪体温下降的幅度与仔猪体重和环境温度有关。吃上初乳的健壮仔猪，在 18~24℃ 的环境中，约 2d 后可恢复到正常；在 0℃（-4~2℃）左右的环境条件下，经 10d 尚难达到正常体温。出生仔猪如果裸露在 1℃ 环境中 2h 可被冻昏、冻僵，甚至冻死。保温的措施是单独为仔猪创造温暖的小气候环境。因为"小猪怕冷"而"大猪怕热"，母猪在 15℃ 气温下表现舒适，如果把整个产房升温，一则对母猪不适宜，二则多耗能源不经济。

（3）具体措施　仔猪保温防寒的措施有：母猪分娩舍要堵住栏舍进风口，阻断穿堂风袭击母仔猪，可采取塑料薄膜隔开长走廊和腰墙，还可以用塑料薄膜在屋脊下建"棚中棚"，创造环境条件以保温。母猪栏铺上软稻草或木板垫。仔猪补料保温间或仔猪保温箱里铺上软稻草、干木屑或麻袋；在保温箱内安装 1 盏 250W 或 2 盏 100W 或外线保温灯，通过灯的位置高低和开关来调节温度；

在仔猪补料间上方用麻袋或牛皮纸罩住灯；条件好的场所可安装电热恒温保温板（板面温度 26~32℃，可调节）。

仔猪在保温箱的状态：观察保温箱中仔猪睡的位置，如果睡在保温灯正下方，出现打堆、毛竖起来的现象，则预示保温箱温度不够；仔猪睡在保温箱门口或者角落，呼吸较快，则预示保温箱温度太高；保温灯换成功率合适的灯，给仔猪提供光源，光能吸引仔猪，仔猪就会到有光源的地方去睡。保持保温箱内的干净、干燥、空气良好。

在保温过程中，饲养员要经常查看保温箱的温度计，观察仔猪的状态，如互相打堆、集中于保温灯下，说明保温房内温度不够，要把保温灯放低些；如仔猪远离而分散在保温箱的四周，则说明温度过高，应把保温灯升高些。

8. 防止踩压

7 日龄以内仔猪死亡率占整个哺乳期死亡的 50%~70%，而哺乳期因压死占总数的 40%~50%，初生仔猪防踩压至关重要。

在母猪栏内设保育箱，即仔猪补料温间或仔猪保温箱。仔猪出生后即放入保育箱内休息，定期放出哺乳，一般每隔 1~1.5h 哺乳一次，仔猪通过 2~3d 训练，即可养成自由进出保育箱的习惯。这是最有效、最简单的办法。

9. 调教寄养

合理充分利用生产母猪的所有有效乳头，最大限度地调整保持吃乳仔猪群的均匀度。因此，要将一窝中超过母猪乳头数的仔猪寄养；将母猪死去的仔猪，无乳、母性差的母猪的仔猪寄养。

寄养一般在初生 2~3d 进行；一般为 3d 内分娩母猪接受寄养效果好；寄养前要吃足初乳，防止吸收母源抗体少而发生疾病；针对初产母猪，有效乳头数与仔猪数最好一致（建议带仔 12 头），预防未使用的乳头萎缩影响后面胎次的哺乳；较小的仔猪需集中给健康且奶水好的经产母猪带，放在产房中间更暖和的位置；可寄养强仔猪，不寄养弱仔猪（整窝寄养除外），寄养的仔猪和收养栏内仔猪在体重、活力上相匹配；寄养前，要在被寄养仔猪身上涂上保姆母猪的乳汁或尿液；初寄养的 1~2d 饲养员要特别看护寄养仔猪。通过把仔猪从一头母猪转给另一头母猪，使每头母猪的仔猪数与它的养育能力相当，也是为了减少同窝仔猪均匀度的差异，避免较小仔猪与较大仔猪竞争乳头，以达到理想的仔猪成活率和均匀度与体重；应及时在产仔卡上记录所有已执行的转移，使断奶时记录的仔猪数与实际断奶仔猪数相同，记录必须准确；及时调整，注意观察调栏后的母仔状态；病猪不能寄养。

（二）弱仔救助

大多数规模猪场，不仅新生仔猪可能存在超过 10% 的弱仔，而且由于营养及管理等方面的原因，仔猪出生1周内还会不断出现新的弱仔，导致产房出现高达20%的病弱僵猪，保育舍出现高达30%的僵猪。而管理较好的猪场弱仔率在5%以下，管理良好的猪场弱仔率在3%以下。

1. 弱仔分类

（1）先天型弱仔　先天型弱仔判定标准有两点，其一是出生体重，一般初生体重小于1.2kg判为初生体重低下；其二是新生仔猪活力，健康仔猪活力强，拱乳头有力，能够正常站立等，反之为弱仔。若仔猪出生体重大于1.2kg，但是仔猪体表苍白、活力差等也应判为弱仔，反之，若仔猪活力强，抢乳头有力，即使出生体重略微偏低，也可判为健康新生仔猪，规模化猪场正常情况下先天型弱仔比例大约为10%。

（2）后天型弱仔　后天型弱仔指出生一周后至保育阶段形成的弱仔，其判定标准：①日增重严重低于平均水平；②免疫耐受型仔猪。通常规模化猪场后天型弱仔率大约为5%。

2. 救助措施

（1）补充充足的基础营养　胎儿初生体重的2/3部分在妊娠后期1/3的时段内发育形成，特别是妊娠第13~14周至分娩前是胎儿增长最快的时段，也是胎儿体能储备的关键时段，需给母猪提供充足的能量、蛋白质供胎儿快速成长，减少由于供胎不足造成的弱仔猪。在给妊娠期与哺乳期母猪提供高能、高蛋白饲料的基础上适当添加脂肪，可以提高初生仔猪的体脂储备，提高奶水中的乳脂含量，大大减少了仔猪在出生1周内成为弱仔猪的可能性。

（2）补充充足的抗病营养　哺乳动物胎儿的营养都是通过母体胎盘来提供的，胎盘的功能直接关系到胎儿在子宫内的正常发育和生长。抗病营养中的生殖营养对母猪胎盘的生长和功能的维持具有重要作用。母猪在妊娠期除了需要大量的能量和蛋白供胎儿快速成长外，同样需要大量的免疫营养和生殖营养保证胎儿的正常发育。同时在妊娠后期，胎儿的快速增长，造成的妊娠应激需要消耗大量的免疫营养对抗应激。尤其是在夏天炎热的时候，为了散热母猪外周毛细血管扩张、血流量增加，相应的通过胎盘毛细血管供给胎儿的营养就下降，需要额外补充抗病营养才能满足胎儿的需求。与此同时需要更多的抗病营养对抗热应激。

母猪在妊娠期内长期、严重的便秘，胃肠功能紊乱，导致机体不能有效地吸收饲粮中的营养供给胎儿生长，造成弱仔。坚硬的粪球堆积在肠道内压迫子宫、脐带，导致胎儿供血不足。坚硬的粪球还会划伤产道，增加难产、滞产的可能性。肠道营养对维持和恢复肠道的正常功能，缓解便秘，提高饲料中养分的吸收利用率，保证胎儿获得充足、全面的营养，具有重要意义。

仔猪的免疫系统不完善，完全依赖母源免疫力来抵御疾病。在母猪妊娠期和哺乳期补充肠道营养、免疫营养、生殖营养，可以提高饲料中养分的吸收利用率，提高初乳及常乳中母源抗体及抗病营养的含量。从而增强仔猪自身的抵抗力，降低感染疾病的风险。减少因仔猪抵抗力差、易感染疾病而造成的病弱仔猪。

（3）做好母猪的分娩与助产　滞产常造成胎儿通过产道时间过长，脐带全部或部分封闭，导致胎儿供血不足，由于脑部缺氧出现傻胎，皮肤苍白，四肢瘫软无力，出生后不会寻找乳头，不会吃奶，成为弱仔猪。

在母猪实际生产中，一般猪场在母猪产完 1~5 个仔猪后开始使用缩宫素助产，引起子宫剧烈收缩，未产出的胎儿在子宫内受到过度挤压，易造成脐带断裂，一旦脐带断裂还没有产出来的仔猪由于得不到氧气往往被闷死在子宫内，或者成为白仔、仔猪假死和弱仔。事实证明使用缩宫素进行助产会导致弱仔猪的增加。

科学的助产应围绕增强母猪体力、促进子宫收缩、增加羊水来进行。当母猪出现滞产、难产迹象时（间隔 30min 未产下一个胎儿），迅速向子宫灌注宫炎净 10mL，如果母猪表现虚弱、无力，还需及时输液恩诺沙星、甲硝唑等抗厌氧菌的抗生素+维生素 C 20mL+生理盐水 500mL，或中药免疫增强剂+复合多维 20mL+10% 葡萄糖 500mL。通过这两个措施，可以起到增加羊水，强力镇痛，促进子宫收缩，增加母猪体力，消炎抗菌的作用，减少由于滞产和产后感染导致的弱仔猪。

（三）假死仔猪的急救

新生仔猪假死，又称为新生仔猪窒息。其主要特征是新出生的仔猪出现呼吸障碍或没有明显呼吸，只有微弱的脉搏。此时，不要慌张，更不要将此种仔猪抛弃，只要采用适当方法就可救活绝大部分假死仔猪，从而减少经济损失，提高养猪的效益。

1. 急救措施

（1）一擦　在母猪分娩前，管理人员要准备好柔软、干燥的抹布，仔猪出生后用抹布及时擦净仔猪身上、口腔、鼻腔的黏液，尤其是在假死现象出现时，更要及时清除口腔、鼻腔中的黏液和异物，使仔猪的呼吸道畅通，为仔猪正常呼吸做好准备。

（2）二拍　在清除口腔、鼻腔中的黏液异物、呼吸道畅通的情况下，术者左手倒提仔猪的两后肢，右手轻拍仔猪的后背部，频率约为 1 次/2s，拍打时，应先轻后重。通过拍打刺激，一方面有利于进一步清理呼吸道中的黏液和异物，另一方面可诱发呼吸反射。

（3）三压　仔猪仰卧，术者双手分别握住假死仔猪两前肢，同时向胸腹部按压，再同时向两侧分开，分开的幅度不宜过大，避免伤害肩关节，一张一合有节奏地轻轻挤压胸部，帮助恢复呼吸功能。也可以一只手托其肩背部，另一只手托其臀部，一伸一屈反复进行按压，频率一般控制在约 30 次/min。

（4）四激　在夏季，可突然用冷水喷击仔猪头部，春秋季节可用酒精喷入假死仔猪的鼻腔，刺激鼻腔黏膜感受器，或针刺仔猪人中、蹄头、耳尖及尾根等处，都有刺激呼吸的作用。如果假死发生在冬季，应立即将假死仔猪置于温暖的产仔箱内，也可将其突然放入 40℃ 左右的温水里，术者抓住仔猪头颈部，保持头部露出水面，浸泡 2~3min，在温水的刺激下，假死仔猪易被救活。

（5）五药　如采用以上措施无效果时，要及时给予呼吸中枢兴奋药，如尼可刹米、山梗菜碱等药物，经皮下注射或肌肉注射均可。但要注意用药量，用量过大可使仔猪血压升高、肌肉僵直、震颤、呼吸抑制，甚至惊厥。一般用量为尼可刹米 1mL 或山梗菜碱 0.5mL。

2. 急救十法

急救前应先把仔猪口鼻腔内的黏液与羊水用力甩出或捋出，并用消毒纱布或毛巾擦拭口、鼻，擦干躯体。急救的方法有下列 10 种。

（1）立即用手捂住仔猪的鼻、嘴，另一只手捂住肛门并捏住脐带：当仔猪深感呼吸困难而挣扎时，触动一下仔猪的嘴巴，以促其深呼吸。反复几次，仔猪就可复活。

（2）将仔猪放在垫草上，用手伸屈两前肢或两后肢，反复进行，促其呼吸成活。

（3）将仔猪四肢朝上，一手托其肩背部，一手托臀部，两手配合一屈一伸拉动猪体，反复进行，直到仔猪叫出声为止。

（4）倒提仔猪后腿，并抖动其躯体，用手连续轻拍其胸部或背部，直至仔猪出现呼吸。

（5）用胶管或塑料管向仔猪鼻孔内或口内吹气，促其呼吸。

（6）往仔猪鼻子上擦点酒精或氨水，或用针刺其鼻部和腿部，刺激其呼吸。

（7）将仔猪放在 40℃ 温水中，露出耳、口、鼻、眼。5min 后拿出，擦干水汽，使其慢慢苏醒成活。

（8）将仔猪放在软草上，脐带保留 20~30cm，一手捏紧脐带末端，另一只手从脐带末端向脐部捋动，每秒钟捋 1 次。连续进行 30 余次时，假死猪就会出现深呼吸；捋至 40 余次时，即发出叫声，直到呼吸正常。一般捋脐 50~70次就可以救活仔猪。

（9）一只手捏住假死仔猪的后颈部，另一只手按摩其胸部，直到其复活。

（10）如仔猪因短期内缺氧，呈软面团的假死状态时，应用力擦动躯体两侧和全身，促使其血液循环而成活。

（四）仔猪保健

1. 补铁

仔猪出生后 4~5d，在训练其补料的同时，为了防止仔猪发生缺铁性贫血，应及时为仔猪补铁。

（1）投放红壤土法 红壤土含有多种微量元素，特别是富含铁，在有红土的地方，可用红壤土补铁。经常从红壤土地区运回一些深层的红壤土，在铁锅中培炒，加少量盐后，铺撒在仔猪补料间内，让仔猪自由拱食，补充所需的铁，并经常挖新的红土更换被粪尿污染的红土。这种补铁方法会增加仔猪感染寄生虫的机会。因此，最好在仔猪生后第 5 天，在补饲期间内设置补饲槽，内放置骨粉、食盐、木炭末、红土等，有条件的可拌上铁铜合剂（2.5g 硫酸亚铁加 1g 硫酸铜，溶入 1000mL 热水中过滤后即成），让其自由拱食。

（2）口服补铁法 常用的口服铁制剂主要有硫酸亚铁，另外还有乳酸铁和还原铁等。为促进铁的吸收，可配伍硫酸铜制成铁铜合剂，分别在 3，5，7，10，15 日龄时每天 2 次，每头每天 10mL。仔猪生后 3 日龄起，补饲铁制剂时将溶液装入奶瓶中让仔猪吸吮或滴服，也可于仔猪吮乳时，将溶液涂抹在母猪乳头上令其吸食，每天 1~2 次。如果仔猪开始采食，则将铁制剂拌在饲料中，仔猪达 1 月龄后浓度可提高 1 倍。这种补铁方法，比较烦琐且吸收率低。

（3）注射补铁法 常用的铁制剂多为右旋糖酐铁注射液、铁钴注射液。3 日龄以前第 1 次肌肉注射优质铁剂。15~21 日龄第 2 次注射优质铁剂，一般每头仔猪 72h 内颈部肌肉或皮下注射 1.5~2mL，以维持仔猪 21 日龄内对铁的需求，必要时 10 日龄再加倍注射 1 次。这一方法在规模猪场适用，已有几十年历史，但有注射铁剂吸收速度慢，消毒不严注射易引起感染以及注射部位留有斑点使屠体等级下降的缺点，给仔猪逐一注射还要花费较多劳力。另外，右旋糖酐对猪的体况要求较高，体重弱小的猪有毒副作用，易造成中毒死亡。

2. 补硒

在饲养仔猪的过程中，为了促进仔猪的正常生长，需要注意其微量元素的补充，特别是硒元素的含量。硒是仔猪生长发育过程中不可缺少一种微量元素，是谷胱甘肽酶系统的一个组分，能够防止脂类过氧化，并且可以保护细胞膜，当仔猪缺硒时则会突然发病，一般会出现为白肌病、桑葚心病、心肌坏死等病症，而且缺硒会使细胞受到破坏，无法有效地中和自由基。

仔猪在出生后 3~5d 起补硒。常用的方法：一是肌肉注射补硒注射液，硒与维生素 E 有协同抗氧化作用，可用 0.1%亚硒酸钠溶液、每头 1mL，维生素 E 1~2mL，肌肉注射；我国大多地区是缺硒地带，农作物和饲草中硒含量低于这一临界水平。严重缺硒地区，仔猪可能发生缺硒性下痢、肝脏坏死和白肌病，宜于生后 3d 内注射 0.1% 的亚硒酸钠、维生素 E 合剂，每头 0.5mL，10 日龄补第二针，提高仔猪对疾病的抵抗力。也可于 3 日龄猪肌注 0.1% 亚硒酸钠 1~2mL，待仔猪学会吃料后，在每 1kg 饲料中添加亚硒酸钠 0.1mg/kg，断奶时再肌注 1 次。二是选用牲血素含硒合剂补铁补硒；或富铁力 1mL（含铁 150mg、亚硒酸钠 1mg）肌肉注射。但是，硒对高等动物毒性极强，要严加管理，稍有疏漏，后果严重。引起猪中毒的饲料中硒含量是 7mg/kg，故须控制好用量。一般地，亚硒酸钠的需用量：仔猪肌肉注射 1~2mg，口服 2~3mg（均匀渗于饮水中，浓度 0.1%）。

3. 饮水

仔猪生长迅速，代谢旺盛，需水量较多，因此从 3 日龄开始，必须供给清洁的饮水。应设置饮水槽，也可在每 1L 水中加葡萄糖 20g、碳酸氢钠 2g、维生素 C 0.06g。同时，由于母乳中含脂肪量高达 7%~11%，仔猪又活泼爱动，常感口渴，如不供给清洁的饮水，则会喝脏水或尿液，容易导致下痢。

4. 营养保健

出生仔猪消化功能极不完善，而且采食量很小，且不能全靠植物性蛋白质饲料，故其日粮中应添加鱼粉、骨粉、肉粉等动物性蛋白质饲料，并补给钙、磷、铜、铁、锌等微量元素及维生素，为满足营养需要，日粮中还需添加适量的限制性氨基酸，以维持必需氨基酸之间的平衡。营养水平：粗蛋白 20%~22%，消化能 13860~14280kJ/kg，粗脂肪 3% 以上，粗纤维 4% 以下，钙 0.7%~0.9%，磷 0.6%~0.8%，乳糖含量 14% 以上，赖氨酸 1.5%~1.6%，料型以直径 4~6mm、长度为直径的 1~1.5 倍的颗料型为宜。

配制仔猪日粮，除满足营养需求外，更重要的是选择配制日粮的原料，必须易消化、适口性好、新鲜无霉变。饲料原料的品质要求：能量饲料在选用熟化玉米的基础上，必须搭配 20%~25% 的乳清粉和 4%~6% 植物油，以增加饲料的适口性，保证能量需要；蛋白质饲料要选用消化率高的喷雾干燥猪血浆蛋白粉、喷雾干燥血粉、脱脂奶粉或优质鱼粉。一般地，动物性饲料如奶制品易于消化、适口性最佳，植物性饲料如小麦、玉米、花生饼、豆饼适口性较好。考虑到仔猪喜爱有奶香味和甜味的食物，配料中最好加入一定量的乳制品和甜味剂，以引诱仔猪争食。应注意日粮中蛋白水平不可太高，尤其是过多的植物蛋白质会引起消化不良。过多的未完全消化的蛋白质存留在仔猪消化道后段会导致细菌大量繁殖，阻止肠道对水的吸引而导致仔猪下痢。另一方面，由于仔猪消化道还不适应植物来源蛋白质，会引起抗原抗体反应，这种反应会引起小肠绒毛脱落，消化酶分泌减少，也会引起消化不良。

5. 做好防疫

在养猪过程中，猪的相关传染性疾病对猪的危害很大，因此，对猪的相关传染性疾病进行合理的免疫接种，尤其是仔猪的猪瘟、高致病性猪蓝耳病、仔猪伪狂犬病、仔猪致病性大肠杆菌病、猪链球菌病和仔猪副伤寒病等相关的疾病对仔猪危害比较厉害。为了保证断奶仔猪的健康，在新生仔猪进行合理防疫与保健，减少仔猪相关传染性疾病的发生，提高仔猪的成活率和断奶窝重。因此，对仔猪的相关的疾病进行合理的防疫和保健，制定相关疾病的相关性免疫程序。

（1）为了预防仔猪白痢的发生，新生仔猪可在吃初乳之前口服如下药物（任意一种即可）：增效磺胺甲氧嗪注射液，规格 5×10mL，第一次吃初乳之前口腔滴服 0.5mL，以后每天两次，连续 3d；硫酸庆大霉素，每支 2mL，8 万IU，第一次吃初乳前口腔滴服 1 万 IU，每天两次，连续 3d。1～3 日龄每天早晚各滴服一次微生态制剂，调整胃肠道菌群，防止腹泻的发生。

（2）猪瘟病毒流行的猪场或者猪瘟病情严重的情况下，为了更好地对猪瘟病毒进行预防，对新生仔猪采取超前免疫方式进行免疫接种，在仔猪吃初乳之前进行免疫，在仔猪 28 日龄时进行二次免疫，63 日龄时对仔猪的猪瘟病毒进行三次免疫。

（3）仔猪伪狂犬免疫　在仔猪初生后的 1～3d 用伪狂犬疫苗进行滴鼻免疫，剂量为 2 头份，35 日龄时，对新生仔猪进行二次免疫。

（4）气喘和副猪嗜血杆菌病免疫　对于 14 日龄的仔猪进行气喘和副猪嗜血杆菌二联苗进行免疫，减少气喘和副猪嗜血杆菌病的发生。

（5）圆环病毒的免疫　对于 21 日龄的仔猪进行圆环病毒病免疫。

（6）链球菌多价灭活苗免疫　对于 25 日龄的仔猪进行链球菌多价灭活苗免疫，减少仔猪链球菌病的发生。

6. 常见疾病的防治

（1）断奶综合征　仔猪断奶综合征是极为常见的病症，其发病原因有多方面，如仔猪身体功能、环境变化和饮食营养等。患断奶综合征的仔猪一般表现为水肿，同时伴有腹泻或休克，严重者引起死亡。发病早期，大多数患病仔猪体温无任何异常，少数升高到 40℃ 以上，但食欲不振，空嚼磨牙，精神沉郁，步态不稳，形似醉态，眼睑红肿，上下眼睑间仅现一小缝。随着病情的加重，病猪出现呼吸困难，反应迟钝，惊叫不安，叫声嘶哑，抽搐或者瘫痪，四肢呈划水样运动等神经症状。

该病预防首先要从饮食营养方面入手，充分考虑断奶后仔猪胃肠道生理状态和消化能力，饲料要采用以易消化的乳清粉、鱼粉、膨化大豆为原料，可适当添加仔猪专用复合酶和酸化剂，以弥补仔猪胃酸和消化酶分泌不足。控制豆粕使用量，防止豆粕中的抗营养因子对仔猪肠道造成损伤。其次，饲喂次数要严格控制。仔猪断奶后，饲喂次数每天最少不低于 6 次，一般为 8~12 次，少量勤添。可以在仔猪断奶前适当补饲，使仔猪胃肠道得到锻炼，每头仔猪断奶前补饲量为 500g。最后，仔猪断奶后可以在原栏中饲喂 7~10d 后再转栏，这样可有效缓解断奶应激反应。

本病治疗要以增强糖代谢、抗过敏、抗菌消炎止泻和解毒镇静为主。常用的抗菌消炎止泻药有恩诺沙星、卡那霉素、磺胺类药物、链霉素等。可按每 1kg 体重 10mL 的剂量，肌注 2.5% 的恩诺沙星，每天两次，连用 2~3d；也可采用 20~40mL 的 20% 的磺胺嘧啶钠注射液，搭配 2~4mL 的维生素 B_1 和 60~80mL 的 25% 葡萄糖注射液，一次静脉或腹腔注射，每天一次，连用 2~3d，对抗菌消炎止泻有一定的疗效。仔猪腹泻如果严重会导致脱水而亡，此时要适当补液。可用 20g 葡萄糖、2.5g 小苏打、3.5g 氯化钠和 1.5g 氯化钾，溶于 1000mL 的水中，让仔猪自由饮服，可以补充电解质和水分，调节仔猪体内的酸碱平衡。对于增强糖代谢、抗过敏可肌肉或静脉注射地塞米松注射液，剂量为每 1kg 体重 1mg。当仔猪发生水肿时，可采用强心利尿法来治疗。在仔猪断奶综合征发病期间，一定要停止饲喂高蛋白的饲料，尤其是优质全价颗粒饲料，要饲喂稀饭或青绿饲料。

（2）仔猪红痢　红痢，即魏氏梭菌性肠炎，又称仔猪传染性坏死性肠炎。广泛存在于猪群。二类传染病，由 C 型产气荚膜梭菌引起的 1~3 日龄仔猪高度致死性的毒血症，也见 5~7 日龄仔猪发病。仔猪腹泻，粪便有气泡，后驱沾满血样稀粪，消瘦，脱水，最后死亡。该病有最急性型、急性型、亚急性型和慢性型之分。病畜及其代谢产物、垫料是主要传染源。目前本病治疗效果较差。

剖检：小肠严重出血，肠壁增厚，肠系膜淋巴结鲜红色，肠腔充满含血的液体，以坏死性炎症为主，脾边缘有小点出血，肾灰白色有出血点，腹水增多。

防治：注射疫苗；加强消毒，母猪进产房前洗刷乳房等；新生乳猪注射或口服抗生素（青霉素+链霉素）；血清治疗。

（3）仔猪黄痢、白痢　仔猪黄痢、白痢是由大肠杆菌引起的一种急性肠道疾病。当肠管内细菌平衡失调时，大肠杆菌增多而引起大肠杆菌病流行。血清型很多。以幼龄猪最易感。最后患猪因机体脱水、酸中毒而致死亡。世界各地均有发生，以早春、严冬、盛夏发病较多。尤其以气候骤变使发病率显著上升。黄痢于产后 1 周左右发生，粪便呈黄色，死亡率几乎 100%。白痢于产后 2~3 周发生，粪便呈白色，死亡率较低。它们均有粪便黏附肛门、消瘦、脱水、死亡的共征。

剖检：肠道鼓起，肠壁薄，肠系膜淋巴结肿胀、出血，肝肾有凝固性坏死灶。

防治：注射疫苗；母猪产后注射抗生素、鱼腥草液、冲洗子宫；一般抗生素、磺胺类、呋喃类药物和中草药均有疗效；给患畜补液（口服、静注）；用鸡蛋清（含异原蛋白）向患猪腹腔注射或口服，每头每次 3~6mL，每日两次，效果良好；加强饲养管理及卫生、保温工作。

（4）水肿病 水肿病是由溶血性大肠杆菌分泌的呕吐毒素引起的一种急性疾病。另外，缺硒（饲料、环境）、饲养密度高也能引起该病的发生。多发于 5~15 周龄健壮的仔猪，每窝仅发 1~2 头，突发又突然停止，死亡率高，有特殊的规律性。体温不高，个别 40.5℃，共济失调，眼睑和头颈部出现水肿，触之惊叫，身毛稀处有红紫斑，麻痹，呼吸困难，口鼻流沫，抽搐死亡。注意与脑炎型链球菌区分。发病日龄的区别：脑炎型链球菌病各年龄猪均有发生，规模化猪场多见 20 日龄左右发生；水肿病仅断奶前后到断奶后 3~4 周发生。体温区别：链球菌病的体温升高到 41~42℃，而水肿病自始至终体温正常。神经症状的区别：链球菌病病死猪死前四肢划动，而水肿病死前全身麻痹。

剖检：可视黏膜有不同程度的充血、出血，浆腔积液暴露空气后凝固成胶冻状。

防治：注射水肿疫苗；加强消毒；改变饲料（青饲料、酶制剂、酸制剂）；一般抗生素、磺胺类、呋喃类都有效（用维生素 C，腹腔注射 40~60mL/头温热多维葡萄糖效果良好）。

（5）沙门菌病 沙门菌病是由沙门菌属细菌引起的疾病的总称，又名副伤寒，属三类传染病，血清型很多，但仅有 3 型对人、畜、家禽以及其他动物有致病性。主要发生在应激状态下的断奶仔猪，反复发作。本病有急性、亚急性、慢性之分。一般呈现散发性或地方流行性，一年四季都可发生，潮湿季节多见。病猪和带菌猪及其排泄物、母猪分泌物都是主要的传染源。病菌潜藏在消化道淋巴组织和胆囊内，经消化道感染，毒力因连续感染而增强。体温升高（41~42℃），精神不振，不食，腹泻，呼吸困难，毛稀处有紫色斑点，肢体末端发绀，被毛粗乱，生长发育不良，体质弱。总之，临诊多为败血症和肠炎，母猪也可流产。

剖检：淋巴、肝、脾肿大，间质性肺炎，局灶性肝坏死。

防治：注射沙门菌疫苗；加强饲养管理；减少应激；加强消毒；常规治疗：目前效果有限，氟甲砜霉素，大环内酯类有效。

（6）副猪嗜血杆菌病 本病也称革拉瑟病，又称纤维素性浆膜炎和关节炎，有人称之为猪副嗜血杆菌病。血清型很多，病菌很难培养。属呼吸道疾病，接触传染，呈散发性，多为慢性经过，也有急性经过。主要侵害哺乳和保育阶段猪（3~10周龄）。病猪和带菌猪是主要传染源。易与猪气喘病、蓝耳病、圆环状病毒、链球菌病、沙门菌病、传染性胸膜炎等混合、继发感染，死亡率高。临诊表现：往往首发为膘情良好猪，发热（40~42℃），呼吸困难（腹式），耳朵发绀，体表皮肤发红或苍白，耳尖发紫，眼睑皮下水肿，关节肿大（关节腔内无炎性液）。个别死前侧卧或四肢呈划水样，有时也会无明显症状突然死亡。未死猪后期咳、瘦、跛、被毛粗乱成为僵猪。目前尚无特效疗法，一旦发病，同圈猪应全部紧急防治效果良好。

剖检：皮下水肿，淋巴结尤其其腹股沟淋巴结肿胀切面湿润外翻透明。胸、腹腔积水，少数粘连，肿胀出血、瘀血，部分可见胶冻样水肿，肿大，关节有浆液性渗出或少量炎性分泌物。

防治：加强饲养（仔猪早期隔离断乳，分段小密度饲养，减少应激）；药物：先锋、阿莫西林、氨苄西林、增效磺胺、加康等有效；"脉冲式用药"。

（五）去势

去势就是将非种用公猪的两个睾丸阉割掉。公猪年龄为1~2月龄，体重5~10kg最为适宜。最适宜的去势时间是在10~20日龄。因为这时仔猪小，容易操作；手术后出血较少；有母猪初乳抗体的保护，容易恢复。大公猪则不受年龄和体重的限制。

（1）保定　左侧卧，背向术者，术者用左脚踩住颈部，右脚踩住尾根。

（2）术式　术部用3%~5%碘酒和灭菌结晶磺胺进行消毒，彻底消毒后，术者用左手腕部按压猪右后肢股后，使该肢向上紧靠腹壁，以充分显露两侧睾丸。用左手中指、食指和拇指捏住阴囊颈部，把睾丸推挤入阴囊底部，使阴囊皮肤紧张，将睾丸固定。术者右手持刀，在阴囊缝际的两侧1~1.5cm处平行缝际切开阴囊皮肤和总鞘膜，显露睾丸，右手握住睾丸，食指和拇指捏住阴囊韧带与附睾尾连接部，剪断或撕断附睾尾韧带，向上撕开睾丸系膜，左手把韧带和总鞘膜推向腹壁，充分显露精索，用捋断法去掉睾丸，同样操作方法去掉另侧睾丸。切口部位碘酊消毒。

7d以内仔猪去势方法：抓猪方法，一般用左手提起仔猪两后腿，将两腿基部握于手掌，用左手大拇指压住阴囊下部，由下往上挤压两粒睾丸，使整个囊充分鼓胀，或用左手大拇指从腹股沟由下往上顶起两粒睾丸；手术部位（靠中线以下）进行消毒后，右手持手术刀，将刀口朝上，用刀尖在鼓起的阴囊外皮上纵向挑开两个小口，注意不要挑破睾丸，确保鞘膜和输精管一次性清理干净，在伤口处涂上鱼石脂软膏或消炎粉，在去势完后，打上记号放入保温箱。

消毒手术刀，一窝更换一个刀片。

（六）诱食补饲

1. 7 日龄抓"诱食"

仔猪出生后，生长快，对养分的需求与日俱增，而母猪在产仔后的 3~4 周达到泌乳高峰后逐渐下降，但仔猪自第 2 周后以母乳为主已无法满足其生长需要，因此，一般应从 7 日龄（早的可在 5 日龄）开始训练诱食，并随日龄的增加而调整喂料量，以便及早给仔猪补充营养，既可锻炼仔猪消化器官及其功能，为后期生长发育打好基础，还能预防仔猪发生营养缺乏症，造成仔猪瘦弱、多病，成为僵猪甚至死亡。

（1）自由采食法　因颗粒性饲料香脆可口，仔猪爱吃，在仔猪活动时间用炒香的碎米、颗粒等撒在仔猪补料栏内或仔猪经常活动的地方，或撒一些粉料（粥也可以和切细的嫩青菜叶拌），每天训练 4~5 次，一般 4~5d 后就会吃料。

（2）以大带小法　将已学会吃料的仔猪与准备诱食补料的仔猪放在同一补料栏内，仔猪经过模仿争食很快学会吃料；也可把饲料撒在槽边或干净的栏舍地面，让母猪带着小猪自由拱食训练。

（3）人工塞食法　对不会舔食的仔猪，可用高品质、熟化、新鲜的全价颗粒乳猪料加温水（忌开水）拌成糊状，在仔猪熟睡或饥饿之时，用小汤匙等将糊状料抹于仔猪嘴唇上或送入仔猪口中，强制其采食，每天 3~5 次，两三天后自然学会采食。

（4）甜食引诱法　可利用仔猪喜吃甜食的习性，将玉米、高粱、黄豆等炒香炒熟磨成芝麻大小，喷洒上糖水，涂抹于母猪乳头上，仔猪会自觉舔食，每天用甜料训练 4~5 次，效果十分显著。

（5）饥饿法　待仔猪吃饱奶休息时，把母猪与仔猪分开，用香甜、清脆、适口性好的诱料放于仔猪休息的地方，让仔猪拱食，隔开仔猪 1.5h 后，再让母猪给仔猪喂奶，当仔猪吃饱奶后，再按上述方法重复进行，直至仔猪学会采食为止。

2. 补料方法

（1）饲料应新鲜洁净，以颗粒料为佳，开始每窝只给几粒（10g 左右），让猪拱食，以后逐日增加，若添加多了，下次添料时还有陈料，需清出来喂其他猪。每天及时清除槽内余料，迅速冲洗，料槽内不得有水，而且勿喂蛋白质含量过高（粗蛋白 25% 以上）的料，不能多喂鲜嫩的青料，尤其是红苕藤、白瓜等。

（2）要单独设置补料栏，栏内有食槽和水槽，避免母猪抢食仔猪料。仔猪饲槽应制成细小而有间隙的木槽，以便多头仔猪同时吃食。在仔猪补料栏的食槽内应经常保持有少量的颗粒料或干粉料，让仔猪随时采食，使仔猪由诱食过渡到开食。

（3）开始补料最好不用料箱，而用一个很浅的盘子，置于仔猪易于接触到的地方，如躺卧区旁边。因为仔猪对白色最感兴趣，白色吸引仔猪探寻，促进开食，故应用白色的无毒塑料盘作诱食补料食盘。

（4）每天补料时间应在仔猪最活跃的时候，这时补料最易成功，一般在上午9：00至下午16：00进行诱食，特别是此期间仔猪吃奶后2h食欲最强，故以此时期诱食补料为佳。

（5）仔猪饮水量比成年猪大，因此在投料后还必须给仔猪提供大量的清洁饮水，让仔猪饮足。尽管母猪奶中含有大量的水分，但如不及时提供饮水，仔猪吃料、生长就会受到影响，这一点不可忽视，最好用杯式饮水器供水，饮水器应置于仔猪必经之处，精料和水的比例按1：（0.8~1）为好。母猪缺乳时，忌给仔猪饮蔗糖水。

（6）诱料用具应干净卫生，补料栏保持干燥、清洁，勿积污水、粪尿或残料，阴雨天应及时排净积水。

（7）诱料动作要轻稳，以防母仔受惊，对性情不温顺的母猪，诱料时要将母仔分开。

（8）为了使仔猪尽快建立采食的条件反射，无论采取哪种诱食方法，都应耐心细致，尽早开始。母乳特别好的，可适当晚些诱料，以防止母猪发生乳腺炎。

（9）诱料坚持多餐饲喂，白天每2h补1次，下午和傍晚可1h补1次，少食多餐，晚上22：00至24：00应加喂1餐（这一餐很重要），数量由少到多，开始每次每头5~10g，以后15~40g，最多不宜超过60g，喂料要少喂勤添，使仔猪养成定时吃食的习惯。诱料、食槽、诱食地点要相对固定，切忌经常变换，也不要因仔猪不吃食或采食量少而推迟或中断诱食，要坚持到底。

（10）仔猪15日龄开始减少哺乳次数，实行定时哺乳，每次哺乳前，应喂给仔猪营养丰富、多样化、有足够矿物质和维生素的颗粒配合饲料，饲料中应配有玉米、高粱、豆饼、细糠及幼嫩的青草、青菜、南瓜等，并且随食量的大小而调整供给量，有条件的可选用专用的仔猪颗粒料喂给。仔猪学会采食粒料后开始投喂嫩菜叶等青绿饲料，并要全部饲喂颗粒料，切忌一直投喂糊状料，否则会引起消化不良，降低饲料品质，影响饲用效果。

3. 20日龄抓"旺食"

仔猪至20日龄以后，消化功能逐渐完善，生长速度加快，对营养物质的需求量逐渐增加，已进入旺食阶段，此时也是仔猪由吃乳为主逐步过渡到吃料为主,并准备离乳而转入独立生活的重要阶段。因此必须狠抓"旺食"。

进入旺食阶段,为了提高仔猪的断奶重及断奶后对成年猪料型的适应能力,应加强这一时期的营养。选用仔猪饲料,投其所好。根据仔猪采食习性,选择香、甜、脆且适口性好的饲料,炒焦的谷粒、蒸熟的红薯及切碎的南瓜,经过浸烫的糖化饲料等,均为仔猪所喜食。补料要多样配合,营养丰富。一般日粮中粗蛋白质含量要求在 18%~20%,消化能 13440~13860kJ/kg,赖氨酸含量 1.25%,乳清粉用量比例最少在 10%,钙 0.7%~0.9%,磷 0.6%。补料应由 3 种以上的谷物、豆类、动物性蛋白质饲料、青绿多汁饲料组成,注意保证饲料的营养平衡,蛋白质、能量、维生素及微量元素的供应要充足。增加蛋白饲料,补充微量元素。仔猪在旺食阶段生长很快,吸收蛋白质的能力也很强,因此应该注意补充蛋白质饲料,此期即使多喂些豆饼、豆渣、角粉或小鱼虾等,也不会发生拉稀现象,而且可以促进旺食,促使仔猪的生长更快。加强饲养卫生。一般以生干料或生拌(湿)料好,采用白天湿料限量饲喂,夜间不限量饲喂相结合的方法为宜。

饲料应新鲜,食草清洁,忌用霉坏变质的饲料,以免引起仔猪下痢等胃肠病,影响增重。仔猪开始独立吃料后,每次投料量应根据仔猪的采食、粪便及动态等灵活掌握,科学投料。

(七) 断奶

母猪产仔后,子宫复旧的时间一般在 24d 左右,完全恢复需要 35d。研究证明,仔猪生后 3~5 周龄断奶较为有利,过早断奶会造成母猪繁殖障碍。

断奶的方法可采用一次断奶法、分批断奶法和逐渐断奶法。也可采用仔猪早期隔离断奶法。

1. 一次断奶法

这种断奶法是断奶前 3d 减少哺乳母猪饲粮的日喂量到断奶日龄一次将仔猪与母猪全部分开。优点:省工省时,便于操作,多被工厂化养猪生产所采用。缺点:会引起仔猪应激和母猪烦躁不安。

2. 分批断奶法

此种断奶法是将一窝中生长好、体重大、拟做育肥用的仔猪先断奶,体质弱、体重小、拟做种猪用的后断奶。也可将每窝中个别极瘦弱的仔猪挑出并集中起来,挑选一头泌乳性能较好的断奶母猪,再让其哺乳 1 周,可减少这部分仔猪断奶后的死亡。优点:能减少母猪精神不安,能预防乳腺炎的发生。缺点:延长了哺乳期,影响母猪的繁殖成绩,断奶后的仔猪也较难管理,目前多不采用。

3. 逐渐断奶法

这种断奶法于断奶前 3~4d，减少母猪和仔猪的接触与哺乳次数，使仔猪由少哺乳到不哺乳有一个适应过程，并减少母猪饲粮的日喂量，使仔猪由少哺乳到不哺乳有一个适应期。优点：能保证仔猪和母猪的顺利断奶，可减轻断奶应激对仔猪的影响。缺点：比较麻烦，费时又费力。

4. 仔猪早期隔离断乳

仔猪早期隔离断乳（segregated early weaning，SEW）就是将仔猪在 14 日龄左右与其主要的传染源之一（母源）隔离、断奶。早期断奶能极大地改善断奶仔猪的健康状况和生产性能。但是断奶过早会因为初生仔猪消化能力和抗逆能力差而造成食欲差、消化不良、饲料利用率低、生长缓慢、下痢、精神状况以及外貌表现不佳等"仔猪早期隔离断奶综合征"。因此，很大程度上制约了该技术在养猪生产中的应用。

表 4-2　常见疾病与其相应的最大断奶日龄

断奶最大日龄	可排除的疾病
4~10	猪链球菌病
10~18	支原体肺病、蓝耳病
14~16	猪传染性胸膜肺炎
9~10	出血性败血症、猪霉形体肺炎

实操训练

实训一　母猪临产诊断与接产

（一）实训目的

通过母猪行为变化判定分娩时间；掌握母猪的分娩接产的各项准备工作。熟悉和了解母猪的分娩接产及难产母猪的处理等方法。

（二）实训材料与动物准备

1. 实训动物

临产母猪。

2. 材料准备

接产器具：主要有消毒毛巾、细绳、手术剪、断尾钳、剪牙钳、助产手套、润滑液、输液器、注射器、助产绳、输液挂钩、保定绳、软胶管根、医用胶布等。

接产药品：缩宫素、氯前列烯醇钠；庆大霉素、青霉素、链霉素，长效土霉素、5%的葡萄糖1件、50%的葡萄糖、生理盐水、维生素C、复合维B、鱼腥草、肌苷、甲硝唑、高锰酸钾、碘酒、酒精棉球、密斯陀粉等。

（三）实训步骤

1. 临产诊断

（1）母猪临产前腹部大而下垂，阴户红肿、松弛，成年母猪尾根两侧下陷。

（2）乳房膨大下垂，红肿发亮，产前2~3d，乳头变硬外张，用手可挤出乳汁。待临产4~6h前乳汁可成股挤出。

（3）衔草作窝，行动不安，时起时卧。尿频。排粪量少次数多且分散（拉小尿）。一般在6~12h可分娩。

（4）阵缩待产，即母猪由闹圈到安静躺卧，并开始有努责现象，从阴户流出黏性羊水时（即破水），1h内可分娩。

2. 接产技术

（1）接产准备

①用具的准备：毛巾、密斯陀粉、断尾钳、碘酊、丝线、胎衣桶、手术剪、10mL注射器、庆大、长效土霉素、助产手套、液状石蜡等。

②母猪羊水破后，立即清理母猪产床粪污：用高锰酸钾水拖栏位。在母猪后驱垫毛巾（注：可在接近产完时垫），防止胎衣掉入粪池。

③打开保温灯，保温区温度在32~35℃，0.1%高锰酸钾溶液清洗乳房和后驱，挤压乳头（排出乳汁）。

④新生仔猪放入保温栏，待仔猪毛干后放出吃初乳。

（2）接产操作

①临产前为母猪清洗后驱。

②出生仔猪立即脐带打结，血液捋回脐带根部。

③抓住脐带，清理口鼻黏液，擦干被毛。

④结扎脐带，浸泡碘酒（保留3~4cm长）。

⑤断尾，保留2~3cm（器具头消毒、操作规范）。

⑥涂抹密斯陀粉，放入保温栏（产到5~6头或母猪安静时开始输液）。

⑦分娩结束立即称量体重，填写分娩记录。

（3）注意事项

①确认胎衣排出（数胎衣上脐带根数与产仔数核对）。

②胎衣、死胎、木乃伊等及时放入胎衣桶里，防止掉入粪池。

3. 难产判断及救助

（1）难产判断　母猪能否顺利分娩主要取决于产力、产道宽度以及胎儿大小三方面的因素，其中一种或者多种因素异常，都可以导致难产。难产母猪主要表现为以下几个方面：

①母猪破水或者胎粪排出 40min 后仍不见仔猪产出；

②母猪长时间强烈努责、呼吸困难，心跳加速仍不见仔猪排出；

③前后 2 头仔猪出生间隔大于 30min；

④母猪产仔 3h 后仍未排出胎衣；

⑤母猪外阴部可见仔猪脚，但未能排出仔猪。

（2）难产救助方法

①运动助产。

②按摩助产。

③按压助产。

④药物助产。

⑤徒手牵拉助产。

⑥机械牵拉助产。

⑦剖腹产。

4. 实训作业

叙述母猪临产表现、人工接产过程、对难产母猪的救助，并谈谈感受。

实训二　母猪绝育术

（一）实训目的

了解局部解剖知识和适应证；明确绝育术的施术年龄与注意事项；掌握母猪绝育术的注意事项；掌握绝育术的具体的操作步骤及输卵管的结扎方法。

（二）实训动物与材料准备

供试母猪、5%碘酊、75%酒精及手术刀、缝合用的针线、止血钳等。

小挑花（小劁）：适用于 1~3 月龄、体重 5~15kg 的小母猪。

大挑花：3 月龄以上、体重在 15kg 以上、性成熟后的母猪。

（三）实训步骤

1. 术前准备

（1）准备5%碘酊、75%酒精及手术刀、缝合用的针线、止血钳工具。

（2）母猪禁食半天并选择清洁的场地和晴朗的天气进行手术。

2. 保定

术者以左手提起小母猪的左后肢，右手抓住左膝前皱襞，使其右侧卧地（头在术者右侧，尾在术者左侧，背向术者），右脚踩在猪耳后的颈部，并将其左右肢向后伸直，使小猪后躯呈半仰卧姿势，左脚踩住小猪的左后肢，使皮肤绷紧即可施术。

3. 确定切口

（1）小挑花切开定位　准确的切口定位是手术成败的重要环节之一。目前常用的切口定位方法有以下两种。

①左侧髋结定位法：术者以左手中指顶住左侧髋结，然后以拇指压迫同侧腹壁，向中指顶住的左侧髋结垂直方向用力下压，使左手拇指所压迫的腹壁与中指所顶住的髋结尽可能地接近，使拇指与中指连线与地面垂直，此时左手拇指指端的压迫点稍前方即为术部。此切口相当于髋结向左列乳头方向引一垂线，切口在距左列乳头缘2~3cm处的垂线上。

由于猪的营养、发育和饥饱状况不同，切口位置也略有不同。猪只营养良好，发育早，子宫角也相应地增长快而粗大，因而切口也稍偏前；猪营养差，发育慢，子宫角也相应增长慢而细小，因而切口可稍偏后；饱饲而腹腔内容物多时，切口可稍偏向腹侧，空腹时切口可适当偏向背侧。即所谓"肥朝前、瘦朝后、饱朝内、饥朝外"，要根据具体情况灵活掌握。

②以左侧荐骨岬定位法：最后腰椎窝与荐椎结合处的左侧荐骨岬在椎体的腹侧面形成一个小"隆起"，它可以作为定位标志。将小母猪保定后，将膝皱襞拉向术者，俗称"外拨膝皱襞"，然后在膝皱襞向腹中线画的一条假想垂线上，距左侧乳头2~3cm处，术者左手拇指尽量沿腰肌向体轴的垂直方向下压，探摸"隆起"，俗称"内摸隆起"，左手拇指紧压在隆起上，此时拇指端的压迫点为术部。

猪的日龄不同，切口位置稍有不同。生后20~30d的小猪（体重在5kg以内），切口应向后方移动3~5mm，出生1~2月龄的小母猪（体重在5~12kg），切口在"隆起"处。

（2）大挑花的切口定位　口在胻部三角区的中央，即髋结节前下方5~10cm处。三角区的一边是髋结节到腹下所引的垂线，另两边是从膝前皱襞和髋结节分别向肋骨与肋软骨连接处引的两条连钱，使两线相交，即成三角区。

4. 术式

（1）小挑花术式　术部、小挑刀及术者手指用酒精棉球涂擦消毒后，将术部皮肤稍向外侧方牵移（为术后使皮肤切口与腹壁肌肉切口错开），左手拇指用力按压术部外侧（压得越紧，离卵巢越近，手术越容易成功），右手持刀，用拇指与中、食指控制刀刃的深度，在押手拇指前垂直切开皮肤成 0.8~1cm 的纵切口。然后倒转挑刀，将刀柄钩端垂直插入创内，此时左脚稍用力踩猪一下，借猪鸣叫腹压升高时，刀柄适当下压"顶"破肌层和腹膜，并向左右扩大皮下切口。

（2）大挑花术式

①常规消毒后，左手拇指固定术部，右手持刀，在术部作一长 2~4cm 的切口，一次切透皮肤和腹下壁肌肉，然后用刀柄或右手食指尖捣破腹膜，或用刀尖小心将腹膜划破，再用食指上下扩大。两手拇指分别在切口边缘用力挤压，子宫角自然就从创口涌出，若不见涌出，则在挤压过程中将切口位置上下、左右移动，寻找子宫角的位置，仍不见涌出时，可用右手食指伸入腹腔在腰椎下、骨盆腔入口顶部、膀胱前缘摸取子宫角及卵巢，以后操作按肷部切口方法进行。

②顶破腹膜后，左手拇指用力抠压迫腹壁，同时右手用力将刀柄对侧拨动以撑大切口，此时即有腹水涌出，有时子宫角也随着涌出。若未见子宫角涌出，右手将刀柄钩端成 45°角在创口下面腹腔内呈弧形钩取，当猪发出叫声时，钩端向创口外移动，随腹压增高，子宫角和卵巢会自然从腹腔脱出于创口，以刀柄钩端轻轻引出创外。

③当子宫角暴露切口外后，继续牵拉子宫角，牵拉的方法有两种。一是用左右手食指第二指节的背面并排用力压迫腹壁，用两手拇指交替滑动拉出两侧子宫角、卵巢及部分子宫体。另一种是以左手食指弯曲用力压迫腹壁、拇指固定切口外的子宫角，右手向外牵引子宫角并交给左手固定，交替拉出子宫角、卵巢及部分子宫体。

④确认两侧子宫角、卵巢、卵巢伞均暴露于创口外面后，左手握住两侧卵巢，右手拇、食指刮挫子宫体，然后切断或撕断子宫体和子宫阔韧带。

⑤子宫角、卵巢及部分子宫被摘除后，左手提起猪的后肢，轻轻摇动一下，右手捏住切口部皮肤拉一拉，防止肠管嵌在切口内，伤口涂布 5%碘酊后进行缝合。

⑥进行缝合：根据切口大小，可以适当进行 1~3 针缝合。

5. 手术要点和注意事项

（1）要训练、熟悉食指触摸卵巢、子宫角以及钩取卵巢的技巧。食指伸入腹腔寻找子宫角、卵巢时，要沿腹壁进入，摸到的细硬、光滑、有弹性的绳状物即为子宫角；摸到有蚕豆到拇指头大小、较硬、有系带连着、能游离的即为卵巢，触之猪很敏感，往往骚动或发出痛苦叫声。在钩取卵巢时，食指尖端要紧贴腹壁，以防滑脱。

（2）在摘除卵巢后、缝合切口前，要整复理顺子宫角和肠道。缝合时不得缝着肠管，同时避免形成创囊，以防肠管嵌入创内发生粘连或坏死。

（3）术后将猪放置在干燥清洁的猪舍内，防止感染。

（4）小母猪绝育，虽然简单易学，但要真正达到技术干练、纯熟，还必须经大量实践。操作时除应注意保定确实、术部准确、充分压紧术部、摘除完全等事项。

（5）注意消毒、卫生，必要时注射精制破伤风抗毒素或提前注射类毒素。

（6）一刀切开腹膜，要根据猪只大小、肥瘦、发育状况、饥饱程度和切开腹膜时的空洞感，确定下刀的深度及角度，切忌损伤腹主动脉。

（7）绝育应在空腹时进行。因饱腹时，肠管后移，子宫角被压不易脱。

（8）保定要正确牢靠。必须呈前侧后仰，后肢平展的半仰卧状。术者要穿着胶底鞋或布鞋，以免踩伤猪只。

（9）切口位置要准确。手术部位偏前，肠管容易脱出；偏后，膀胱圆韧带容易脱出，如遇以上情况，应向相反方向钩取子宫角。

（10）切口边缘要整齐。当左手拇指用力下压时，一次切透皮肤及肌肉层，腹膜一次"顶"破，以利子宫角自然涌出。下刀深度应适当，以免损伤内脏和腰背部大血管，引起大出血死亡。

（11）左手拇指按压腹壁要有力，尤其是"顶"破腹膜以后，拇指的压力更要增大，使切口靠近子宫角以使切口开张，子宫角能从切口自然涌出，否则改用钩端钩取。

（12）小猪子宫角非常细嫩，子宫角与输卵管交界处更是如此，易于拉断，牵拉时应仔细小心，不可用力过猛，同时防止猪只挣扎。

（13）卵巢连于输卵管末端，位置较深，有时不易拉出。在牵拉时必须同时压紧腹壁，摘除前要仔细检查是否连带两侧卵巢，千万不可将卵巢遗留在腹腔内。

6. 实训作业及课后思考

（1）完成实训报告。

（2）如何区别子宫与肠管？

（3）子宫包括哪几个部分？

（4）在向外牵拉子宫角时注意些什么？

实训三　猪耳号的编制

（一）实训目的

了解种猪耳号编制规则；在种猪耳上打出所需耳号的相应耳缺；运用耳号编制规则来识别种猪耳号。

（二）实训材料和准备工作

猪只模型；纸猪 60 张；仔猪 8 头；耳钳 12 把，3 把/组、托盘 4 个；碘酊、酒精 4 份等。

学生分 8 组，每组 6~8 人，每组选出一个组长，一名以上网络专员，一名摄影专员。

（三）实训步骤

1. 种猪耳号的初步认识

展示图片：种猪图片；播放"两个编制耳号过程的典型案例"的视频。

看耳缺、读耳号、学规则。

2. 打纸猪耳缺

（1）播放"耳钳消毒与握钳手势"的示范操作视频，并要求学生做好各自的耳钳消毒。

（2）发放任务书　要求学生根据所给的号码在纸猪头上打上相应耳缺。

（3）巡视实训现场，并对各组的所打耳号情况进行检查、点评和指导。

（4）提醒各组长做好本组的学习和纪律管理工作，确保每个成员都正确地打好耳号。

3. 打活猪耳缺

（1）播放"一手保定猪耳，另一手持耳钳，准备打耳缺"的示范操作视频。

（2）分给每组学生 8 头实训小猪，要求每个学生都模仿视频示范动作进行实训操作。

（3）引导学生继续观看打活猪耳缺视频，学习动作要领，在老师的引导下和组长的领导下，小组成员相互协助，共同完成各项任务。

4. 成果展示与点评

要求每组将本组考核时打好耳号的猪提供出来让大家评价，并由裁判点评、打分与拍照合影。最后完成学生本次课表现评价表。

5. 实训作业及课后思考

(1) 完成实训报告。

(2) 为什么各头冠军种猪耳上都有不同的缺口？有什么意义？

(3) 耳号编制注意事项有哪些？

拓展知识

知识点一　母猪的泌乳和营养需要

(一) 母猪的泌乳

1. 母猪的乳房结构

母猪的乳房由乳腺泡、导管系统构成的腺体组织和纤维结缔组织、脂肪组织构成的间质组成。乳腺泡是生成乳汁的部位，每个乳泡连接一条细乳导管，各细乳导管汇合成中等乳导管，中等乳导管又汇合成粗大的乳导管，最后汇合成乳池，乳池经乳头末端的乳头管向外开口。猪的每个乳房有2~3个乳池和乳头管，但乳池不发达，不能贮存大量的乳汁。因此，母猪不能随时排乳，只有当母猪放乳时仔猪才能吃到奶，不能任何时候都能吃到奶。

2. 母猪的泌乳调节

母猪的排乳受神经-激素的调节。当仔猪用鼻吻刺激母猪乳房，嘴咬住乳头吸吮时，属于外界刺激，由中枢神经系统传递到下丘脑，下丘脑分泌神经激素催产素，由垂体后叶释放，该激素通过血液到达乳房，刺激乳房上皮细胞收缩，增加乳房内压，迫使乳汁由乳腺泡经过细乳导管流入中乳导管，再由中乳导管流入大乳导管，最后通过乳头管向外排出。仔猪用鼻吻刺激母猪乳房2~5min后才能排乳，持续时间30~60s，两次排乳间隔约1h，一天可排乳20次以上。

3. 母猪的泌乳量

母猪的泌乳量是指泌乳母猪在一个泌乳期内的泌乳总量。泌乳量的高低直接影响着仔猪的成活率、生长速度及断奶窝重等。母猪整个泌乳期可产乳250~500kg，平均每天泌乳5~9kg，每次泌乳量250~400g。整个泌乳期泌乳量呈曲线变化，一般约在分娩后5d开始上升，至15~25d达到高峰，之后逐渐下降。母猪有十几个乳房，不同乳房的泌乳量不同，前面几对乳房的乳腺及乳管数量比后面几对多，排出的乳量也多，尤以第3~5对乳房的泌乳量高。仔猪有固定乳头吸吮的习性，可通过人工辅助将弱小仔猪放在前面的几对乳头上，从而使同窝仔猪发育均匀。

（二）猪乳的成分

猪乳可以分为初乳和常乳，分娩 3d 以内的乳汁为初乳，是初生仔猪抗体的主要来源。初乳干物质和蛋白质含量比常乳高（表 4-3）。此外，初乳中含镁盐，具有轻泻作用，可促使仔猪排出胎粪；初乳中酸度较高，有助于消化活动；初乳中含有免疫球蛋白、维生素、溶菌酶和 K-抗原凝集素等，能增强仔猪的抗病能力。因此，使仔猪生后及时吃到初乳、吃足初乳是非常必要的。

表 4-3　母猪初乳营养成分

成分	含量
总固体/%	22.0~33.1
脂肪/%	2.7~7.7
蛋白质/%	9.9~22.6
乳糖/%	2.0~7.5
灰分/%	0.59~0.99
钙/%	0.50~0.80
磷/%	0.08~0.11
维生素 A/(μg/mL)	44~144
维生素 B_1/(μg/mL)	56~97
维生素 B_2/(μg/mL)	45~650
泛酸/(μg/mL)	130~680
烟酸/(μg/mL)	165~167
生物素/(μg/mL)	5.3

引自：杨公社. 猪生产学 [M]. 北京：中国农业出版社，2002.

（三）母猪泌乳的影响因素

品种、带仔数、胎次、饲料、分娩季节和饲养管理等都会影响泌乳量。

1. 品种

一般情况是大型肉用或兼用型母猪的泌乳能力强，小型或产仔数少的脂肪用型猪的泌乳差；杂种母猪的泌乳能力强，地方品种泌乳能力较差。例如，民猪平均日泌乳量为 5.65kg，哈白猪为 5.74kg，大白猪为 9.20kg，长白猪为 10.31kg。同一品种内不同品系间的泌乳力也有差异，如同属太湖猪的枫泾系日泌乳量为 7.44kg，沙乌头系为 7.60kg，梅山系为 6.43kg，二花脸系为 6.20kg。

2. 带仔数

母猪的放乳必须经过仔猪的拱乳刺激脑垂体后叶分泌催产素，然后才放乳，而未被吃乳的乳头分娩后不久即萎缩，因此，母猪带仔数多，泌乳量也多（表4-4）。根据研究表明，母猪日产乳量（Y，kg）与带仔数（X）的线性回归关系为 $Y=1.81+0.58X$。因此，调整母猪产后带仔数，可以充分挖掘母猪的泌乳潜力。同时，产仔少的母猪，仔猪被寄养出去后，可以促使其尽快发情配种，从而提高母猪的利用率。

表4-4　产仔数对母猪泌乳量的影响

产仔数/头	母猪泌乳量/（kg/d）	仔猪吸乳量/（kg/d）
6	5~6	1.0
8	6~7	0.9
10	7~8	0.8
12	8~9	0.7

引自：杨公社．猪生产学［M］．北京：中国农业出版社，2002.

3. 胎次

一般认为经产母猪比初产母猪泌乳能力强。初产母猪的乳腺发育不完善，缺乏哺乳经验，对仔猪的哺乳刺激反应相对较慢，第 2~4 胎次泌乳量逐渐上升，之后保持一定水平，第 7 胎次以后逐渐下降。据测定，民猪、哈白猪 60d 哺乳期内，初产母猪平均日泌乳量比经产母猪分别低 1.20kg 和 1.45kg。

4. 饲料

饲料种类、营养价值、饮水量都会严重影响母猪的泌乳量。配合饲料富含蛋白质、无机盐、维生素等营养全面的日粮能保持最大限度的泌乳量。在妊娠后期要加强妊娠母猪的饲养，控制膘情，改善母猪体况营养全面，为哺乳期泌乳储备营养，为保证产后正常泌乳打下基础。

5. 分娩季节

春秋两季，天气温和，湿度适宜，母猪食欲旺盛，所以在这两季分娩的母猪，其泌乳量一般较多。夏季虽青绿饲料丰富，但天气炎热，影响母猪的体热平衡。冬季严寒，母猪体热消耗增多，维持净能，生产净能减少。因此，夏季和冬季分娩的母猪泌乳受到一定程度的影响。为了避免夏季炎热和冬季严寒对母猪泌乳量的影响，有些猪场采取春秋两季季节性分娩。

6. 饲养管理

在干燥清洁、安静舒适、空气清新、阳光充足、温度适宜的环境有利于提高母猪泌乳量。每天适当增加饲喂次数，特别是夜间增加饲喂次数可促进增加泌乳量。当母猪患有疾病时，泌乳能力和泌乳量都会严重下降，如乳腺炎、感冒、肺炎、高热疾病等。

（三）泌乳母猪的营养需要

合理的营养不仅可以充分发挥母猪的泌乳性能，促进仔猪的生长发育，提高断奶重，还可以避免母猪的泌乳期内失重过多，影响断奶后的再次发情配种。母猪在泌乳期的营养需要主要包括能量、水、蛋白质、脂肪、维生素和矿物质六大类。

1. 能量营养

泌乳母猪代谢旺盛，能量需求量大。由于泌乳母猪受胃肠容量制约，难以通过采食足够数量的饲料来充分满足泌乳能量的需求，所以必须动用体脂，用以补充摄入能量的不足，故在生产实践中，经常见到泌乳母猪体重大幅度减轻的情况。因此，保障充足的能量供应，对泌乳母猪保持良好的体况具有十分重要的意义。能量需要分为维持需要和泌乳需要两部分，初产母猪还须加上本身生长的能量需要。据测定，每 1kg 猪乳平均能值为 5.38MJ，按此计算，母猪每泌乳 1kg 需消化能 8.77MJ。我国猪饲养标准中，瘦肉型泌乳母猪每 1kg 饲粮应含消化能 13.8MJ，肉脂型为 13.6MJ。美国国家科学研究委员会（NRC）（1998）的推荐量较高，为 14.23MJ/kg。

2. 水营养

母猪在泌乳阶段需水量大，每天每头母猪的饮水量为 20~30L，只有保证充足的饮水，才能有正常的泌乳量。增强产仔房供水条件，可以显著降低母猪因患膀胱炎和肾盂肾炎而引起的疾病。缺水会减少母猪的采食量，产房内应设置自动饮水器和储水装置，保证母猪随时都能饮水。此外，应防止饮水装置的流量过大，造成产房湿度过高带来的不良影响。

3. 蛋白质营养

泌乳母猪饲粮中的蛋白质和氨基酸是影响其繁殖性能的关键因素，在一定范围内，饲粮中的粗蛋白质水平与母猪产乳量、乳脂、乳中固形物含量存在正相关。日粮中含有适宜水平的粗蛋白质，不仅可以提高泌乳量，而且增加乳中蛋白质的含量。如果母猪摄入的营养不足，母猪就会动用自身体组织中的氨基酸和脂肪用于合成乳汁，高产的泌乳母猪尤其如此，这样一方面会造成母猪体组织损失较大，体内激素失衡，导致断奶至再发情的间隔延长。另一方面动用自身体组织中的脂肪用于合成乳汁会使乳汁中的长链脂肪酸增加，进而导致仔猪因消化不良而腹泻。在配合哺乳母猪日粮时，不仅要保证蛋白质的需要量，同时还要注意氨基酸的配比。日粮的赖氨酸、缬氨酸和异亮氨酸水平可影响仔猪的生产性能。泌乳母猪日粮中供给充足的赖氨酸，可减少母猪体重下降，提高仔猪存活率和窝重。

4. 脂肪营养

油脂作为必需脂肪酸的来源，其能值高且有助于脂溶性维生素的吸收，在母猪营养及其饲粮中发挥重要作用。添加脂肪使得饲粮的能量浓度提高，增加能量摄入量，能有效控制母猪在哺乳期的体脂肪损失和有效提高仔猪断奶窝重。保证充足的能量营养，可使母猪保持良好的体脂储备，有效地缩短发情间隔，提高母猪的繁殖效率。油脂除构成机体组织、猪乳以外，还具有额外能量效应，降低代谢热，减少应激，提高仔猪成活率的优点。在饲料生产时应选用符合质量要求的油脂，同时可增加抗氧化剂的用量，尽量做到现配现用，饲料产品要尽快使用，避免储存时间过长导致饲料中油脂氧化酸败，在夏季尤其要注意。

5. 维生素营养

维生素不仅可以满足泌乳母猪本身需要，还可以减缓热应激、增强机体免疫力和抗氧化功能，减少母猪乳腺炎、子宫炎的发生。同时，仔猪生长发育所需的维生素几乎都是由母乳中获得。如果母猪缺乏维生素 A，会造成泌乳量和乳的品质下降；缺乏维生素 D，会引起母猪产后瘫痪。此外，如维生素 E、生物素、维生素 B_1、维生素 B_2、维生素 B_6、叶酸、泛酸等，均为保证母猪正常繁殖性能所必需，特别在不良条件和封闭饲养下很有必要。

6. 矿物质营养

猪乳中含丰富的矿物质，为保证正常泌乳，必须满足其对矿物质的需要。钙和磷对于泌乳母猪特别重要。猪乳中约含钙 0.21%、磷 0.15%，钙、磷比例为 1.4:1。在母猪泌乳期间，会损失大量的铁，添加有机铁，不但能有效缓解缺铁状态，而且由于提高了血红蛋白的携氧能力，从而提高了体内新陈代谢的速率，改善了饲料利用率，并对下一胎的繁殖性能产生良好的影响。钙磷供应不足或比例不当时，母猪会动用骨中的钙和磷，用以维持泌乳需要，容易导致母猪血钙降低，出现产后瘫痪。一般情况下，常温条件下不需补充钾，但在热应激时机体内的钾和碳酸盐排出量增加，则需要通过饲料补充。钠、氯、镁、锰、铜等其他矿物质元素同样必不可少，都需要在饲粮中补充。

知识点二　铁对仔猪健康的重要性

（一）铁对仔猪健康生长的作用

铁元素是动物机体所必需的微量元素之一，尤其对于仔猪，铁参与多种细胞酶的构成，是合成血红蛋白、肌红蛋白的重要物质，可促进仔猪的免疫系统的发育。铁在仔猪肌体中主要有三个生理功能：生理防御、预防肌体感染疾病；参与体内物质代谢；参与载体的组成、转运和储存营养，对仔猪的健康生长具有非常重要的意义。

1. 仔猪生长发育的需要

仔猪的生长速度快，一般出生后 7d 体重就可达到初生重的 2 倍，14d 体重可达初生重的 3 倍以上，仔猪体重每增加 1kg，就大约需要 50mg 铁，因此仔猪时期对铁的需求量随日龄增加而急剧增加。然而仔猪自身由于胎盘屏障的存在，导致新生仔猪体内的铁储存量较少，出生后母猪的乳汁中铁含量也很低，供给仔猪的量每头仔猪每天只有 1mg 左右，此阶段仔猪吃料少，从饲料中吸收的铁也很有限，这是圈养仔猪的共存特点和对铁的摄取的制约性。若是放养条件下，仔猪有机会接触土壤，可以从中吸收一部分所需的铁作为补充，但是由于不同的土壤中铁含量不一致，导致仔猪对铁的摄取量也不是都能满足自身需要。

2. 适当补铁可促进仔猪生长

研究表明，给母猪和仔猪补铁，都对仔猪的生长发育有促进作用。3 日龄仔猪开始补铁，仔猪白痢发病率可降低 54.3%，35 日育成率可提高 14.5%，对照实验证明，补铁仔猪断奶均重比未补铁组平均高 0.8kg。

3. 仔猪补铁不仅可预防仔猪缺铁性贫血，还可以改善毛色

对照表明，在 3 日龄和 10 日龄补铁的仔猪毛色光亮，肤色红润，未补铁的仔猪则被毛粗乱、皮肤苍白、发干，还有的肤色发黄，观感不佳。

（二）仔猪补铁的原因

初生仔猪体内铁的贮存量很少，每 1kg 体重约为 35mg，仔猪出生自身储备铁 50mg，仔猪每天生长需要铁 7~10mg，而母乳中提供的铁只是仔猪需要量的 1/10，约 1mg，若不给仔猪补铁，仔猪体内贮存的铁将很快消耗殆尽。给母猪饲料中补铁不能增加母乳中铁的含量，只能少量增加肝脏中铁的储备。所以仔猪从 3 日龄起就可能因铁量的不足而产生缺铁性贫血。由于乳猪在 21 日龄左右有免疫空白期，有的 15~21 日龄仔猪缺铁高达 200mg，所以需要做第 2 次补铁。母猪在妊娠过程中为保证所有胚胎生长发育及造血机能，会尽量动用体内铁的储备。虽然这还不足以满足胚胎的需要，但已造成临产前母猪发生缺铁性贫血，所以母猪在临产前和产后泌乳时容易出现贫血。

自然界中的铁一般都是三价铁，动物不易吸收、利用，给母猪、仔猪饲料中添加的硫酸亚铁虽是二价铁，但其易氧化成三价铁，其作为无机铁，动物体只能消化吸收 3%~10%。硫酸亚铁不能添加得太多，过多会影响其他微量元素的消化、吸收，氧化维生素造成维生素缺乏症。

饲料中的草酸、植酸及过多的磷酸盐与铁形成不溶性的铁盐，均会阻碍猪对饲料中铁的吸收利用。饲料中钙、磷配制不当会影响铁的消化吸收，有的养殖者为了追求黑色粪便而使用了高铜饲料，而铜的螯合能力强，更会影响铁与螯合物的结合，阻碍铁的吸收，造成动物缺铁性贫血。因此，必须在仔猪和母猪的特殊阶段补铁。

（三）缺铁性贫血的表现

仔猪缺铁性贫血每年各季都可以发生，但在冬、春季比其他季节发病更多。一般封闭式的饲养，1月龄以内（特别是2~3周龄）哺乳仔猪发病多见。仔猪贫血表现皮肤苍白、被毛粗糙无光泽、食欲不振，生长发育缓慢。免疫力、抗病力低，抵抗外界各种不良刺激，特别是低温刺激的能力差。仔猪易发生各种传染性疾病，特别是仔猪黄痢、白痢，病情严重的形成僵猪，甚至死亡。一旦形成僵猪，再使用任何抗贫血营养剂或药物将不起作用。

（四）仔猪补铁注意事项

（1）补铁量要适宜，铁元素用量过大，会抑制肠道内其他微量元素，如锌、镁的吸收。铁过量吸收可沉积于体内某些器官，如心、肝、胰等，将会引起血色素沉淀。

（2）补铁期间应注意暂停或减少喂某些饲料，如贝壳粉、骨粉、碳酸钙等类的钙质饲料，以及含鞣酸类的饲料，不要喂高粱、麦麸之类的饲料，以免降低补铁效果。

（3）补铁期间不要同时服用某些药物，如含有铝、镁、钙的制剂，遇铁可在肠道内形成难以溶解的复合物或沉淀；如四环素遇铁可形成综合物；氯霉素可使铁元素减效或失效；酸类药物及抗胆碱类药物可影响铁吸收；碘化钾、碳酸盐、鞣酸蛋白等遇铁可产生沉淀物质；维生素能结合铁使其失效等。

（4）使用硫酸亚铁时研碎后要立即服用，不可在空气中久置，以防氧化为有毒的高价铁，使仔猪服后中毒。

（5）铁制剂应当具有分子质量小、黏稠度低，刺激小、吸收完全、无毒副作用，吸收迅速、稳定、不变色（为褐色），质量稳定等特点。注射补铁常用的补铁制剂有右旋糖酐铁、铁钴注射液、山梨醇注射液等。一般情况下，选用以上某种药物给予仔猪深部肌肉注射2mL，1次即可。对于缺铁症状表现较为严重的仔猪，可在间隔7d后再给予药物减半剂量，肌肉注射1次。

（6）补铁时应注意时间，过早易造成仔猪铁中毒；超过4周龄的猪，注射有机铁，可引起注射部位肌肉着色。仔猪补铁，3~4日龄一次性肌肉注射。注射补铁剂时不要盲目加大或减少剂量，补铁过多易造成机体铁中毒可以用肾上腺素救治，补铁过少效果不明显。

（7）保证注射针头及注射部位消毒卫生，保证每头猪使用 1 个针头，以防细菌感染。注意日粮的营养搭配。自配料须添加含有维生素 E、硒的优质颗粒饲料，这样可以减少补铁的不良反应。

知识点三   猪的去势

（一）去势优点

1. 有助于机体的早日恢复

通常情况下，养殖人员应当在公猪 7~10d 进行去势手术，这主要是由于日龄较小的猪在去势手术中形成的去势切口较小，能快速实现伤口愈合，恢复体质。同时，早期去势阶的公猪依旧属于哺乳时期，母猪本身的泌乳能力较强，可为小猪提供免疫能力。这样也在极大程度上降低了后期应激反应出现的可能。

2. 有助于公猪更早断奶觅食

公猪的早期去势阶段正介于断奶觅食的重要阶段，去势手术的开展能帮助小公猪提早的进食饲料，脱离母乳，自主的进行觅食，获得食物。这对于公猪营养获取的保证也是十分必要的，在这一阶段，养殖人员更应当提高饲料合理搭配的意识，尽可能地提升小公猪的断奶重，满足小公猪所需的营养需求，保证公猪正常稳定发育。

3. 缩短母猪生产周期长度

正是由于公猪在早期去势之后能更快的实现自主性觅食，取代之前的母乳喂养，这就在很大程度上缩短了母猪哺乳时间，进而缩短母猪生产周期。即母猪在这一过程中可更早地进入发情状态，提高配种次数。这不仅能保证胚胎形成的成功率，同时还对小猪产量做出保证，最终实现整体的养殖效益提升。

4. 防治疾病

当公畜睾丸炎、睾丸肿瘤、睾丸创伤、鞘膜积水等疾病，用其他方法治疗无效时，去势术成为治疗这些疾病的方法；当发生腹股沟阴囊疝时，在手术还纳疝内容物后，常常进行睾丸摘除术，然后闭合腹股沟内环。

5. 其他作用

公畜去势使性情恶劣的公畜变得温顺；淘汰不良畜种；提高肉用家畜的皮毛质量和肉质；并能加速肥育、节约饲料。

（二）大公猪去势技术

用抓猪器站立保定，手、器械及术部按常规消毒。术者站在猪的右侧后方，用左手微曲的中指、食指和拇指捏住阴囊颈部，把睾丸推向阴囊底部，使阴囊皮肤紧张，将睾丸固定。沿阴囊缝际两侧1~2cm处切开皮肤和总鞘膜，挤出睾丸，露出精索，分离鞘膜韧带。用止血钳夹住精索的同时夹住切口皮肤，防止猪后腿运动时睾丸受力拉断精索，结扎精索，切除睾丸，精索断面及结扎线消毒。术部涂碘酊后洒消炎粉或抗生素，切口一般不缝合。

（三）隐睾公猪去势术

睾丸滞留于腹股沟管或腹腔内，而不降入阴囊者，称为隐睾。猪的隐睾多位于腰区肾脏的后方，有时位于腹腔下壁或下外侧壁、腹股沟内环稍前方；少数位于腹下壁的脐区或骨盆腔膀胱的下面。术前禁饲12h。

1. 麻醉

麻醉局部浸润麻醉或不麻醉。

2. 保定

髂区手术途径采用隐睾侧向上的侧卧保定；腹中线切口采用倒悬式保定或仰卧保定。

3. 术式

髂区手术通路适用于单侧性腹腔型隐睾。切口位于髂结节向腹中线引的垂线上，在此线上距髂结节4~5指处为术部。

切开腹壁：用大挑刀作弧形切口，切口长度为3~4cm。切开皮肤后，术者食指伸入切口内，将肌层和腹膜戳透。

探查隐睾：食指伸入腹腔内探查睾丸，置于切口外的中指、无名指和小手指屈曲，用力下压腹壁切口创缘，以扩大食指在腹腔内的探查范围。

外置隐睾、切除隐睾：确定隐睾位置后，用食指指端钩住睾丸后方的精索移动至切口处，术者另一只手持大挑刀，将刀柄伸入切口内，用钩端钩住精索，在食指的协助下拉出隐睾。用4~7号丝线对精索进行结扎后切除隐睾。将精索断端还回腹腔内，清洁创口，检查创内无肠管涌出，然后间断全层缝合腹膜、肌肉与皮肤。

腹白线手术通路在倒数第2~3对乳头之间的腹白线上切开腹壁5~6cm（注意避开阴茎）。术者食指和中指伸入腹腔内，按照下列顺序进行探查：肾脏后方腰区、腹股沟区、耻骨区、髂区。找到隐睾后将其引出切口外，结扎精索后除去睾丸。如为两侧性隐睾，按同法将另外一个隐睾引出切口外进行结扎和切除。腹壁切口进行全层间断缝合。

（四）去势中存在的问题

1. 保定失误

术中保定动作粗暴，尤其是小仔猪，急压急拉后肢，造成腰椎或胯关节脱位。术中保定猪应稳，放猪先用右脚踩住猪颈部，再慢一点向后拉直左后肢踩住保定。

2. 刺破血管

小挑花术中有时刺破后腔主动（静）脉血管，造成大出血，猪因失血而死亡。多为初学者，猪保定不稳，持刀手法有误，术中猪突然活动或刀直刺突然入腹而刺中血管所致。术中应将猪保定稳固再施术，刀刺开皮肤后，将刀尖稍向后上方斜一点刺入。

3. 刺破膀胱

小挑花术中，由于膀胱充满尿液，不慎刺破膀胱，刀口有大量液体溢出，并有尿味，术后继发腹膜炎而死。术前将猪驱赶活动，任其排尿后再施术，或术中检查有尿时，应刺激其排尿后施术。

4. 拉断子宫角或漏摘卵巢

多因技术不熟练或仔猪发育快而体肥胖。腹压大所致。术中一侧子宫角露出，但子宫角细小，腹压大，稍一拉就断，致另一侧子宫角无法摘除。有时虽然双侧子宫角都拉出来，但因卵巢太小，在摘除子宫角时将卵巢漏掉双侧或一个，造成手术失败。

5. 腹压大的体胖猪应绝对空腹后再施术

卵巢太小者，应在术中先将卵巢一个个抓牢摘掉再拉断子宫角。

6. 切口位置不正

由于技术不熟或保定姿势不正，使切口朝前或后。切口偏后者有膀胱韧带涌出，切口偏前者有肠管或肠系膜涌出，致手术困难。应重新保定猪，切口位置同正确位置相差 0.5cm 以内者，可用手指向正位按压。如相差 0.5cm 以上者，可另做切口，或在另一侧施术。

7. 肠管脱出

小公猪去势术中由于没发现有阴囊疝，术后切口都不做缝合，致肠脱出。脱出肠管多因破损，污染，施术入腹后多因腹膜炎而死亡。术前注意观察有无阴囊疝，术后按压腹部看有无肠脱出，如有疝气必须缝合则可防肠脱出。

项目思考

1. 如何判断母猪是否难产，对于难产母猪应该如何科学地救助？

2. 如何做好母猪的产后护理及饲养管理?

3. 生产上假死仔猪如何急救?

4. 初生仔猪如何护理?

5. 生产上仔猪断奶的方法是什么?

项目五　保育舍管理

1. 进猪舍前的准备工作。
2. 保育猪的饲养管理。
3. 保育舍的环境控制。
4. 保育猪常见问题的处理。

饲养目标

保育仔猪将从依赖母猪吃奶到完全独立采食饲料，消化系统、免疫系统将逐渐发育成熟，将面临转群、采食方式转变、疫苗注射等多种应激反应，使仔猪从分娩舍到保育舍顺利转群组群，尽快适应各种断奶应激，保证仔猪健康成长，提高仔猪生长速度与育成率，为育肥舍与后备猪舍提供高质量的断奶仔猪。

必备知识

保育猪是指断乳 60~70 日龄的仔猪，是猪生长发育过程中最重要的阶段之一，保育猪具有生长发育快，对疾病的易感性高等特点。仔猪断奶后转入保育舍，面临营养、生活方式和生活环境等改变，产生多种应激反应，此时由于保育猪生理功能和免疫功能尚不完善，抗病力低，各种病原微生物极易趁机侵入，对环境和疾病的易感性强，饲养管理不当会导致仔猪生长发育受阻，易患多种疾病，死亡率高，因此加强保育舍管理，可以最大限度地降低仔猪断奶产生的应激反应，有效防御疾病的传播流行，提高猪只健康状况，提高成活率，增加养殖效益。

一、保育舍工作要点

（1）饲养管理好保育舍猪只，最大限度提高保育猪采食量及饲料的转化率，使其生长发育良好、体格健壮、整齐度好，提高仔猪生长速度。

（2）保证保育舍猪只月死淘率小于2%，配合兽医开展疫病防制等工作。

（3）协助产房的饲养员把断奶仔猪从分娩舍赶入保育舍。

（4）做好保育舍的生产记录、记载及报表、工作总结、报告工作。

二、进猪前的准备

（一）检查保育舍设备实施完善

每次空栏后，保育舍的设备设施需要进行全面的检修，仔细检查保育栏、地板、隔板、料槽、饮水器、加热器、垂帘、照明、风扇、窗户等是否完好，并进行适当维修；断奶猪具有特别破坏力，故还应仔细检查维修保育舍的辅助设施。保证饮水器正常的供水，加药器正常的运作等，供电系统和电路、电线是完好。

（二）保育舍的冲洗、消毒工作在保育舍开始进猪以前

首先要把保育舍冲全面清洗干净。工作饲养员在高压冲洗时，要将舍内所有栏板、饲料槽拆开，用高压冲洗，将整个舍内的天花板、墙壁、窗户、地面、料槽、水管等进行彻底的冲洗。同时将下水道污水排放掉，并冲洗干净。凡是猪可接触到的地方都要冲洗干净，不能有猪粪、饲料遗留的痕迹。保证仔猪接触的地面没有粪便、饲料无污物的残留。待猪舍干燥后，使用熏蒸消毒法对猪舍进行消毒。熏蒸时药物的剂量、浓度和比例要合适。福尔马林用量（mL）与高锰酸钾用量（g）之比为2∶1，一般按福尔马林30mL/m³、高锰酸钾15g/m³来计算，密闭熏蒸24h。

（三）温度准备

仔猪对温度表现得极为敏感，为了使断奶仔猪快速地适应新的环境，需要将保育舍的温度升到仔猪适宜的区域，一般保证温度28~30℃为宜。

（四）高质量的断奶猪

21日龄断奶时达到断奶体重，无皮肤病，无消瘦、拉稀、喘气、无腿疼、跛行、无疝气、精神状态良好的断奶猪。

三、猪群转入

（一）"全进全出" 饲养制度

保育舍根据产房生产出来的仔猪实行批次管理，以便饲料、兽医、生物安全管理，彻底实行全进全出。在转群时，将上一批次的猪全部转到新的阶段后，保育舍清空后彻底清洗、消毒、干燥、空栏 1 周，进下一批猪。全进全出的优点是可以防止其他猪舍的病传进来，转群时将病猪和弱猪挑出来单独饲喂。

（二）转入原则

分娩舍的仔猪一般情况下 21 日龄断奶，仔猪断奶后即转入保育舍。转入猪群根据产房生产节律安排，转入时按顺序在保育舍单元猪栏定位。按品种、种用、商品肉用、公母、强弱、大小分群、分栏饲养，在条件许可情况下，每个单元应预留 1~2 个栏位，用于饲养过程中对弱猪、病猪的剔出分群隔离饲养。

（三）合理分群合群

1. 组群方法

根据断奶仔猪日龄、体重、胎次合理分群，让相近日龄、体重的仔猪合栏，有条件可把母猪头胎产仔的仔猪和经产母猪仔猪分开及时转入保育猪舍，并根据保育猪舍大小合理重新组合；如果不同猪场来源不同的仔猪要分栏饲养；每窝体重偏小，体质不同的合群饲养。在分群时尽量维持原窝同圈、大小体重相近的进行，同一栏内的仔猪体重相差不应该超过 0.5~1kg，个体太小和太弱的单独分群饲养。这样有利于保育猪的情绪稳定，减轻保育猪之间因为混群而紧张不安的状况，减少保育猪之间的互相咬斗伤害的现象，减少保育猪的应激反应。

2. 猪群分并群技巧

一是根据品种、性别、强弱来分群；二是留弱不留强：把较弱的猪留在原圈不动，较强的猪调出；三是拆多不拆少：把猪只少的留原圈不动，把头数多的并入头数少的猪群中；四是夜并昼不并：把准备并圈合群的猪群喷洒相同气味的药物（如酒精）或粪尿，使彼此气味不易分辨，在夜间合群；五是同调新栏：两群体重、身体状况、采食等方面相近、头数相等，强弱相当的猪群，并群后同时调到新猪栏；六是饥拆饱并：猪在饥饿时拆群，并群后立即喂食，保证猪群吃饱喝足，可达到互不侵犯、和平共处的目的；七是先熟后并：把不同群猪同时关在较大的运动场中，互相熟悉 3~7d 再并群。

四、保育舍环境控制

（一）保育舍建设

1. 猪舍结构

单列式猪舍猪栏排列成一列，靠北墙一般设饲喂走道。单列猪舍的跨度较小，结构简单，但是猪舍的利用率低。如果把猪舍的跨度增加到 9m 以上时，该种设计可用于现在的发酵床养猪的生产工艺。其长度可以根据猪场的建厂情况来定，一般长度不少于 24m，过短会增加猪舍的建筑成本，但最长不宜超过50m，否则不利于管理和保温。

双列式猪舍指舍内猪栏排列呈两行排列。同时根据舍内通道可分为双列单通道、双列双通道、双列三通道。其中以双列单通道为保育舍的最优选择。这种设计对猪舍的使用率较高，且便于仔猪的饲养管理。该设计要求跨度在9.2m、长度 4.0m 为宜，且要求在中间用墙将猪舍完全或不完全隔开，便于全进全出和彻底消毒。

2. 保暖设备

在保温时尽量使用对保育舍环境没有污染的热源，如红外线保温灯、电热板等，尽量不要使用碳、煤等对空气质量有影响的热源。仔猪对低温非常敏感，冷应激会导致仔猪消化能力降低，生长缓慢，免疫力下降，诱发病毒性腹泻、肺炎、气喘病及多系统衰竭综合征等疾病。保温可以减少寒冷应激，从而减少断奶后腹泻、肺炎、气喘病、多系统衰竭综合征以及因寒冷引起的其他疾病的发生。

（1）封闭猪舍　进入秋冬季后，关闭门窗，放下卷帘等，把漏风处封闭，尤其是避免贼风进入。封闭猪舍一般是生产中最先使用、最简单的保温方法。

（2）吊顶　保育舍采用透气材料吊顶，缩小保温空间，也是一个不错的保温方式。

（3）木板保温　寒冷季节水泥地板很凉，可以铺木板进行保温，此方法成本低，但效果不理想。

（4）保温灯　在保育舍转入仔猪后，继续使用保温灯保温，每个栏舍 2~3盏。此方法是目前使用最广，最简单的方法。

（5）热风炉　安装热风炉，吸收舍内空气加热后再排到舍内。此方法保温效果好，但易造成舍内空气污染，且能耗太大。

（6）水热地暖　在水泥地下铺设水管，利用锅炉加热水管内水来加热水泥地板，达到保温目的。此方法水温不好控制，且增加了操作锅炉的人工成本。

（7）电热地暖　在水泥地面下铺设发热丝，通电加热地板。此方法控温效果好，但易漏电、易烧坏。

（8）中央空调　可随时随地升温，且温度控制容易，但成本太高。

3. 地板类型

（1）水泥混凝土漏缝地板　水泥混凝土漏缝地板可做成板状或条状，这种地板成本低、牢固耐用，但对制造工艺要求严格，水泥标号必须符合设计图纸要求。

（2）金属漏缝地板　金属漏缝地板可以用金属条排列焊接而成，也可用金属条编织成网状。由于缝隙占的比例较大，粪尿下落顺畅，缝隙不易堵塞，不会打滑，栏内清洁、干燥，在集约化养猪生产中普遍采用。

（3）塑料漏缝地板　塑料漏缝地板采用工程塑料模压而成，拆装方便，质量轻，耐腐蚀，牢固耐用，较混凝土、金属和石板地面暖和，但容易打滑，使体重大的猪行动不稳，最适宜用在保育猪栏，因为它不易伤到仔猪的蹄和皮肤，同时还有耐腐蚀、易冲洗等特点。在保育猪舍它常用的规格尺寸为407mm×375mm，漏缝的宽度为10～13mm。

（4）调温地板　调温地板是以换热器为骨架、用水泥基材料浇筑而成的便于移动和运输的平板，设有进水口和出水口与供水管道连接。

（5）BMC复合漏粪板　BMC复合漏粪板主要采用不饱和树脂、低收缩剂等各种纤维材料配合螺纹钢筋骨架压制而成的新型漏粪板。具有高强度、不伤乳头、不伤猪蹄、不吸水、耐酸腐蚀、不老化、不粘粪、易清洗、无须横梁、重量轻运输方便等特点。

4. 围栏和栏门

围栏和栏门可以用垂直或水平方向的坚固铁管和塑料管制成，但要易于清洗。饲养员有大量的时间花在赶猪上，因此门的设计要易于开关且安全。

5. 料槽

保育舍的料槽靠近围栏或放在中间，自动喂料系统将饲料输送到料槽，可以根据猪的大小调节最合适的饲料流量，使浪费降至最小。对于刚断奶的小猪，可以增加料盘或盆式喂料器，从而使采食很容易。

6. 饮水器

在保育舍使用杯式或乳头饮水器，可以使小猪自由获取新鲜、清洁的饮水。通常在引水管道上会加装加药器，以便将电解质、水溶性酸或水溶性药物加入水中。

7. 特殊护理栏

特殊护理栏，通常使用垫板或加热垫，常用于断奶时体重过小的猪和断奶后生长过慢的猪。

8. 通风系统

通风系统的组成包括风扇、进风口、窗帘和进风机。

9. 报警设备

现代化控制系统共同探查高或低温和供电故障。根据猪舍目标温度，在控制器上设置高温/低温的临界值。加热系统发生故障可引起内部温度降到低温临界值以下，风扇出故障可引起温度升高到高温临界值以上。若温度处于预设温度范围之外，或者供电出故障，则出现报警状态。附加设备可通过一个扩音报警器或记录机报警，自动拨号系统可经过员工的中心检测站确保员工得到报警。

（二）保育舍环境管理

1. 温度要求

保育猪对温度比较敏感，如果温度变动过大，或温度过低，马上会引起仔猪拉稀，保温的工作显得十分重要。保育舍的保温工作成为日常管理的重点，可减少断奶后腹泻以及因寒冷引起的其他疾病的发生。保育舍实际温度受猪只体重、采食量、风速和地板类型等影响。保育猪最适宜的环境温度：21~30 日龄为 28~30℃，31~40 日龄为 27~28℃，41~60 日龄为 26℃，更大日龄温度为 24~26℃；每栋保育舍单元应挂一个温度计，经常观察气温变化，当气温高于 28℃时应开窗通风降温；当气温低于 18℃时，一般通过关闭门窗或打开暖风炉、地热来保温；温度适宜情况以仔猪群居平侧卧但不扎堆为宜，同时注意舍内有害气体浓度。

2. 湿度要求

保育猪只对湿度的要求也不是太高，理想的相对湿度要求是 75%左右，但是在很多地区来说根本做不到，如果要做到必须用加湿器，可是这样做成本太高。湿度过高过低都不利保育舍猪只生长，空气湿度过低，会刺激呼吸道，呼吸道黏液分泌加强，鼻涕、痰液增多，排出异物，引起呼吸系统负担加重，导致病原乘虚而入。秋冬气候较干燥的季节更要注意。潮湿的空气则是腹泻病的病因之一，低温高湿引发的腹泻是最常见的病因。一般要求相对湿度应在 65%~75%。

3. 通风换气

保育舍空气质量应达到人感觉无臭、无刺激、空气清新、舒服的要求，这样能减少仔猪呼吸道疾病。保育舍通风换气是必需的，可以改善空气质量，避免保育舍有害气体如氨气和硫化氢过高，减少对猪和饲养员产生毒害。保育舍良好通风可减少猪舍中的病原微生物，降低感染率。冬春时，由于猪舍猪群具有较大密度，需在气温最高时换气。若猪群密度较小，不仅要做好通风换气，还应控制好温度。夏季时，做好猪舍的通风降温工作，通过多种方法，如洒水、通风换气等，将猪舍温度降低，使保育猪在一个良好的环境中健康生长。

在炎热季节，保育间可安装制冷系统，可以在热天达到温度要求并保持恒定。有条件的猪场最好在保育舍内安装空气净化系统，保持猪舍内空气清新；没有条件的猪场在加强保温的同时，注意勤开窗通风换气。

4. 光照

对于保育阶段而言，光照并不是一个重要指标，保育猪即使在黑暗中也能找到饲料，光照以方便饲养人员巡视为主，能够及时发现病弱猪只，观察猪只表现判断舍内环境情况以便及时调整；对于刚断奶的猪足够的光照也可以帮助及时找到水源。

五、保育舍饲养管理

（一）科学转猪

1. 及时转猪

及时将断奶小猪转保育舍，使小猪有时间休息，按照保育舍早期操作程序。转猪前，产房工作人员须提前告知保育舍工作人员断奶猪到达的时间、头数、体重和健康情况。以便保育舍工作人员提前准备栏舍、预热猪舍，针对弱小仔猪准备特殊护理栏，并准备好足够的饲料，给断奶仔猪提供一个干净、干燥、温暖的栏舍环境。

2. 分栏

断奶仔猪到达保育舍后应该按性别、大小、日龄进行合理分群。通常断奶仔猪会有15%个体小，35%个体中等，35%个体较大，15%个体特大，因此要考虑仔猪个体大小的差异进行分群。在分群时要重点照顾弱仔和提前断奶的仔猪，这些仔猪需要特别的照顾才能尽快恢复。在断奶前要给这些弱小的仔猪做好记号，转入保育舍后直接放进特殊护理栏内。生病或受伤的仔猪也要及时找出放进病猪护理栏内。

3. 注意事项

为了避免把猪赶进保育舍时损伤小猪，必须用赶猪板来驱赶，防止仔猪掉头或乱跑。为了避免在保育舍混群后猪只打架，最好是将同一窝仔猪放在一起，每次赶1窝或者2窝，在猪背上用不同颜色的记号进行区分开。转猪时必须小心翼翼地驱赶仔猪，避免应激或损伤。使用转猪车转移猪只时，一次避免装过多头数，让每头仔猪都有足够的空间站立。

（二）做好早期调教

1. 前期规范

动物的行为习性有的取决于先天遗传因素，有的取决于后天调教、训练等，根据猪有喜好清洁、一般不在吃睡的地方排泄粪便的习性，调教其在墙角、潮湿、有粪便气味处排泄。新断奶转群的仔猪吃食、卧位、饮水、排泄区尚未形成固定位置，所以要加强调教训练，使其形成理想的睡卧和排泄区。

训练的方法：排泄区的粪便暂不清扫，诱导仔猪来排泄，其他区的粪便及时消除干净。若有仔猪到处排泄，可用小棍哄赶并加以训斥。仔猪睡卧时，可定时哄赶到固定区排泄，经过1周的训练，可建立起定点睡卧和排泄的条件反射。

2. 吃喝、拉、睡三点定位技巧

（1）水定位　在猪拉屎尿的地方放一些水，甚至占到大部分圈舍面积，将猪逼到很小的区域，待猪固定躺卧地点后，将水逐渐撤去。

（2）粪定位　在猪应该排屎尿的地方，先放一些脏物（猪粪等），因猪有喜干净的特点，会主动走过去排便。

（3）玩具定位　猪有喜欢玩耍玩具的习惯，可以在排粪的地方放置铁的门框或塑料袋供猪玩耍，猪一般喜欢在此地排粪达到定位的目的。

（4）料定位　在准确定猪躺卧的地方撒一些料，猪一般不在料上拉屎撒尿，但会在上面躺卧。

（5）木板定位　一般断奶仔猪从产房转到保育舍时，温度都会有不同程度的下降；再加上产仔舍多是网床，保育舍多是水泥地面，有时地面还是湿的，这样猪会感到更冷；在需要定位的地方给猪铺一块木板，猪会主动躺在上面，就不会在上面拉屎尿。

（6）墙角定位　刚转入的仔猪一般喜欢在避风的地方躺卧，所以墙角和墙边就成了猪定位躺卧的地方；所以刚转入的猪就需要为它们设计好墙或墙角；如果需要猪在靠近门口的地方躺卧，则要在门口堵一木板或其他物品，猪也会主动去躺卧。

（7）夜间定位　晚上花一点时间，将躺卧地方不对的猪哄起，赶到该躺卧的地区，直到它们稳定睡好。

（三）饲养管理

1. 喂料

根据保育仔猪食欲、体况不同而投放饲料，每天投料3~6次，基本原则是保证其自由采食、食槽内随时有饲料，但又不能造成浪费。当仔猪进入保育舍后，先用代乳料饲喂1周左右，以减少饲料变化引起应激，然后逐渐过渡到保育料。过渡最好采用渐进性过渡方式（即第1次换料25%，第2次换料50%，第3次换料75%，第4次换料100%，每次间隔时间3d左右）。仔细观察猪吃料情况，记录采食不好的猪加以精心照料或治疗，保证保育仔猪多吃多长。不喂发霉变质饲料，转入后的前3~4d，不能过度采食，避免消化不良引起腹泻，注意限料，多次少量添加。为保证料槽中饲料的新鲜和预防角落饲料发霉，注意要等料槽中的饲料吃完后再加料，且每隔 3~5d 清洗一次料槽。

2. 饮水

水是猪每天食物中最重要的营养，仔猪刚转群到保育舍时，需要对饮水器进行放水，具体做法是用手压住鸭嘴式饮水器的挡杆，该工作的意义在于放掉饮水器内集留的脏水和引导仔猪去饮水，同时也可以检查饮水器是否工作正常。最好供给温开水，前 3d，每头仔猪可饮水 1kg，4d 后饮水量会直线上升，至 10kg 体重时，日饮水量可增加到 1.5~2kg。饮水不足，使猪的采食量降低，直接影响到饲粮的营养价值，猪的生长速度降低。保证饮水器的量以利仔猪随时都可饮水。为了缓解断奶后各种应激因素，通常在饮水中添加葡萄糖、钾盐、钠盐等电解质或维生素、抗生素等药物，以提高仔猪的抵抗力。

3. 日常工作

（1）巡查　对猪群进行巡查，能够根据保育猪生长发育情况，包括饮食情况、饮水情况、精神状态、行为变化、呼吸变化、排泄物情况等，及时辨识与判断疾病，保证早发病、早诊断、早控制、早治疗。

（2）添加饲料　要多观察刚刚断奶的仔猪采食状况，以确保仔猪采食。日常工作中必须根据仔猪的日龄变化经常、准确地调整料筒出料口的大小，满足仔猪的采食需求。通过仔猪的行为、粪便、体型外表及饲料添加量来判定仔猪是否吃饱。喂料前检查饲料质量，观察颜色、颗粒状态、气味等，发现异常及时报告并加以处理。喂料前清理食槽，处理剩余饲料，将食槽清洗干净。

（3）保持保育舍安静的环境　哺乳仔猪在听到母猪告知泌乳的低声哼哼后，会很快起身，一下子围过来吃奶。由于这个习惯，仔猪对惊吓声非常敏感。如刚断奶不久的仔猪，稍微听到一点点响动，就会迅速起身、奔跑，引得整个猪群骚动不安。保证保育舍安静的环境，有利于猪的生长，在欧美各国就采取在保育猪舍里连续播放轻音乐，使仔猪对声响习以为常。

（4）温湿度检查　判断温度是否适合仔猪的要求，如果仔猪打堆，说明温度偏低，如仔猪均匀分散，则温度适宜。在仔猪转至保育舍的 1 周内，温度必须控制在 28℃以上，以后以周为单位，逐步每周降低 1~2℃，断奶后 4~5 周将温度控制在 22~24℃即可，相对湿度最好控制在 65%左右。

（5）保证空气质量　保育舍因为密闭导致舍内空气污浊严重，NH_3、CO、CO_2、粉尘、微粒等往往严重超标，对猪群的健康影响非常巨大，突出表现为抵抗力下降、呼吸道疾病多发、眼睛病变增多。及时检查舍内的空气质量，进行适当的通风保证空气的新鲜度，可为猪提供良好的生长环境，降低氨气等有害气体的浓度。在南方，相对来说比较容易，但在北方的冬季，保温工作相当重要。因此，许多猪场往往忽略通风，以至猪的呼吸系统疾病相当严重。

（6）检查饮水器　看饮水器工作是否正常，安装的高度是否适合猪饮用；水的温度是否过高（炎热季节）。检查饮水嘴出水水量、水压、pH 情况是否正常；对刚转入的小猪要辅助其学会饮水，可用木屑或棉花将饮水器撑开，使其有小量流水，诱导仔猪饮水。对需要利用食槽进行饮水的，在猪只饲料采食完毕后，及时开启水龙头放饮用水给猪只饮用。

（7）检查猪的生长状况　少数仔猪打堆睡，要考虑仔猪可能不舒服。大多数仔猪堆集到一块，室温可能不够。有疾病不健康的猪有如下病征：垂头夹尾，肤色苍白，情形憔悴，不活跃，蜷缩一旁，四肢无力，颤抖，腹泻拉稀等。发现上述现象的猪，要即刻测温，报告兽医诊疗。

（8）粪便观察　仔猪断奶 3d 之内的粪便由粗变细，由黄色变成褐色，这是正常粪便，（观察粪时间一般在 12：00—15：00）。粪便软、油光发亮、色泽正常时，投料量不用改变；如果圈内有少量零星粪便呈黄色，内有饲料颗粒，说明有个别猪抢食过量，需要控制饲料的投放量，本次投料应比上次减少 20% 左右；如果发现粪便变软，处于将拉未拉之间的软粪时甚至呈糊状，颜色呈黄色且粪内含有未消化饲料，且比例较大（50%），这是全群仔猪要下痢的预兆，如果该批次仔猪精神状况良好，则是典型的营养性下痢，需要停止饲料的投放，检查饲料的质量。

（9）清洁卫生　粪便清扫实行干稀分流，将干粪清理成堆装入废弃饲料口袋中运至干粪棚，稀粪、尿液等清扫入排污沟，上下午各做一次，使栏舍及猪体基本无粪垢，保持干净。清扫圈舍，用扫帚清扫栏位，清除所有走道、墙壁、门窗、天花板及灯具、摄像头等设施设备的灰尘、蜘蛛网等，确保清洁卫生；对转出猪只的圈舍立即进行冲洗、消毒、干燥备用。防止蚊子、苍蝇滋生，并彻底清除；放置灭鼠药，消灭老鼠，堵塞老鼠洞，车间不允许老鼠存在。规范管理车间工具，车间所有工具、水管、记录牌、记录表等能上墙的要在墙上钉挂钩在统一位置全部整齐挂起来，其他工具摆放有序。

（10）做好猪群免疫工作　疫苗的免疫注射是保育舍的重要工作之一。如断奶仔猪 55~60 日龄要进行猪瘟疫苗注射等，60~65 日龄应进行口蹄疫疫苗注射，在注射过程中要确认有效的注射部位，不可打飞针，确保疫苗的吸收；尽可能做到 1 头猪 1 只针头，严防疾病的机械性传播，防疫密度必须达到 100%。每栏保育猪要求配备免疫卡，记录转栏日期、注射疫苗剂量，生产厂家与批号，免疫卡随猪群移动而移动，不同日龄的猪群不能随意调换，以防引起免疫工作混乱。

（11）及时淘汰残次猪病重猪　残次猪病重猪生长缓慢，即使存活，养至出栏也需要较长的时间和较多的饲料，得不偿失；残次猪大多是带毒猪，在保育舍中对健康猪是传染源，对健康猪构成很大的威胁；而且这种猪越多，保育舍内病原微生物越多，其他健康猪就越容易感染。残次猪病重猪的饲养、治疗的过程中要占用饲养员很多时间。

（12）记录　发现病猪，及时隔离，对症治疗，严重或原因不明及时上报，统计好病死仔猪，填写相关报表。及时记录当天的生产情况和其他信息，每周末清点存栏，统计饲料用量、各舍的死亡数，并记录备案。

4. 每周工作

有些工作并不包括日复一日地对猪的照料，如接种疫苗、消毒、驱虫、整理存栏过多的圈舍，但是在休假、周末以及出现健康问题需要进行大量治疗等无法预见的其他情况出现时要有一个灵活的变动处理方案（表5-1）。

表5-1　周工作安排表

日期	保育舍
星期一	大清洁大消毒；淘汰猪鉴定
星期二	更换消毒池盆药液；空栏冲洗消毒
星期三	驱虫、免疫注射
星期四	大清洁、大消毒调整猪群
星期五	更换消毒池盆药液空栏冲洗消毒
星期六	出栏猪鉴定并处理残次病猪外卖
星期日	存栏盘点设备检查维修；周报表

5. 保育舍特殊护理栏护理

特殊护栏的猪只一般为断奶时过小和断奶后生长过慢的猪只；首先要按照冲洗程序，清洗并干燥保育舍房间，这样可以避免将疾病带给下一批。在消毒前应除去滋生细菌的物质，杀死剩余细菌的最有效方法是烘干或晾干，两批猪间隔的时间越长，杀灭作用就越有效。定期对保育舍内的弱仔进行检查，评估其饲喂价值，对没有饲喂价值的仔猪要及时淘汰。因为弱仔很容易拉稀和感染其他的疾病，所以要给予一定的药物。保证温暖干燥的环境，给足适口性好的饲料和充足清洁的饮水。对病猪和弱仔要做好标记，以便给予特殊护理。

六、保育舍常见问题的处理

（一）保育舍僵猪处理

1. 僵猪形成的原因

僵猪，俗称"垫窝子猪""小老头猪"。仔猪在断奶前后，由于多种因素的影响，导致生长发育受阻，被毛粗乱，两头尖，肚子大，也有的弓背吊腹；时而便秘、时而拉稀，结膜苍白，精神沉郁，喜欢拱地卧草堆。

僵猪形成的原因主要有两种：一种是先天原因，一种是后天原因。先天原因主要来自种猪和母猪。包括近亲繁殖造成后代品种退化，生长发育缓慢；种猪年龄过大，精子质量不好造成后代发育不良；以及母猪孕期营养不良造成胎儿先天发育不良等。后天原因主要是人为的照顾不当和疾病等。包括仔猪断奶后没有得到固定的乳头或者母猪的乳汁不够；断奶后，食物不能合理分配，仔猪长期处于饥饿状态；以及仔猪长期患病没有得到及时治疗等。这种猪光吃料不长肉，给养猪生产造成较大损失。

（1）胎僵　母猪在妊娠期饲养管理不当，母体内营养供给不能满足多个胎儿发育的需要，致使胎儿生长发育受阻。近亲交配是双方与共同祖先总代数不超过 6 代的公猪、母猪互相交配，即其所产仔代的近交系数大于 0.78%。近交能造成生产性能衰退，表现为繁殖力减退，死胎、弱胎和畸形胎增多，生活力下降，适应性较差，体质转弱，生产力降低。后备种猪需经过一段时间后达到体成熟，才可交配。若过早交配，因母猪自身要生长，还要供给胎儿生长发育，从而会导致僵猪。母猪年龄过大，各方面功能开始全面下降，特别是消化、吸收、运输营养的功能降低，使胎儿得不到充分营养。

这种僵猪主要在于预防，在禁止近亲繁殖的同时，给妊娠母猪多喂贝壳粉、龙骨、鱼粉等，可降低患病概率。

（2）奶僵　奶僵猪表现为哺乳期生长缓慢，断乳时仔猪体重轻，被毛粗乱。奶僵猪的形成原因：一是母猪怀孕后期营养供应不足，产后泌乳能力差、缺乳；二是哺乳母猪在哺乳期饲养管理不当，其获得的营养不能满足泌乳需要，泌乳量少或无乳；三是仔猪出生后固定乳头工作未搞好，导致强者更强，弱者更弱，强弱个体大小相差越来越悬殊；四是没有及时进行寄养，会使仔猪因吃乳不足造成生长发育受阻；五是仔猪开食补料过迟，消化功能得不到及时锻炼，会引起仔猪食欲不振、腹泻、消瘦。

为避免奶僵的形成，可采取对体弱及缺乳母猪进行中草药综合治疗，仔猪实行固定乳头适时寄养、早开食等措施。

（3）病僵　仔猪因长期患病，如伤寒、气喘病、蛔虫病、肺丝虫病、疥癣病、姜片虫、肾虫病及营养性贫血，得不到及时、准确的治疗所致。应针对性治疗寄生虫，并做好仔猪的护理。

（4）料僵　产生料僵原因：换料过快、饲料营养不合理、饲料营养缺乏、采食量过少等，致使断乳仔猪生长发育停滞。为避免断奶后料僵的形成，保证营养全面、科学饲喂等措施。

（二）一般健康问题的处理

1. 痢疾

痢疾和腹泻是导致保育舍猪死亡和成绩不好的原因之一，常见于断奶后 3～

5d，但有些会迟发。可能是由于采食过量导致消化不良引起的，也可能是感染了病原微生物如大肠杆菌，如沙门菌和病毒都可能会引起传染性胃肠炎（TGE），轮状病毒病和猪流行性腹泻症状相似。病猪很脏而且会快速消瘦下去，当猪严重脱水时，眼睛凹陷，无精打采，蜷伏着昏睡，最后体况很差。漏缝地板上、猪圈里、设备或其他猪身上也容易出现稀粪。一旦发现拉痢的猪应马上控制病情并进行治疗，受影响的同圈其他猪也应加强环境保护，如提供舒适的地板和加热灯，甚至可以补充电解质防止重要盐类的快速下降。如果受影响的猪很多，饮水中投药是一种最好的方式。

2. 恶习

保育舍和育肥舍的猪会经常表现不同形式的重复性的不正常行为或恶习。吮脐带或吮阴茎是一种恶习，多发生在刚断奶的猪。这样的问题发生在很少的断奶猪上，但是最好的解决方法是给予断奶猪一个开始程序。在保育舍的后期咬尾、咬耳会发生尾巴、耳朵和肋腹刺痛，这种情况会严重危及动物福利，并造成很大的经济损失，咬尾是最常见和最严重的恶习。管理、营养不良和疾病是恶习发生的重要原因，高密度饲养、温度变化无常、有害气体含量高、空气不流通和糟粕过多都会出现这种问题。对发生严重恶习的猪进行隔离治疗。

3. 脂溢性皮炎

猪的脂溢性皮炎常见于刚断奶的猪，由葡萄球菌引起的，也能发生于大一些的猪。通常开始在头顶上有一小块，以及猪的颈部和腹部。当它从其他猪身边经过时这种情况很快会遍及全身。临床表现为表面创伤和擦伤，大部分是由于打架但也可能是栏舍的锋利物体造成的。影响严重的猪看上去很脏、瘦、皮肤起皱，很快消瘦下来。当湿度很高时猪的脂溢性皮炎病更流行，要通过保持保育舍气流通畅来控制。

4. 呼吸系统疾病

呼吸性疾病在保育舍很普遍，并且很难防止和控制。病的程度决定病原体的种类和数量以及猪的体重。如猪生殖和呼吸综合征（PRRS）、猪流感病毒（SIV）、地方性肺炎（EP）、副嗜血杆菌（HPS）、链球菌 SS、布氏杆菌和巴氏杆菌等，出现呼吸性疾病的临床症状时，猪场应建立治疗和恢复制度，根据兽医的建议对病原的继发感染采用抗生素治疗，做好饲养管理和环境管理。

5. 应激反应处理

断奶后到保育舍，除饲料变化外，同时会出现许多的应激因素，如脱离母猪、转群、抓猪、注射疫苗、换饲养员、调群并窝、环境变化、温度变化等。每一种应激因素都会降低猪的抵抗力，如果将过多的应激因素集中在一起会严重影响仔猪生长甚至导致发病。减少应激反应的方法如下：

（1）去母留仔　断奶时将母猪赶走，仔猪仍留原圈，同时保持舍内的温度不变或略高，这样就大大减少了断奶应激反应。

（2）弱仔猪继续哺乳　一些弱小仔猪断奶后很难适应各种不良刺激，让它们再吃几天母乳，减少应激反应，对顺利成活是有好处的。

（3）增加仔猪抵抗力　可考虑饮水中添加抗应激药物。

（4）仔猪采用自由采食的方式，但应经常将仔猪赶至补料槽边，引导仔猪吃料。

（5）不要忽视晚上的工作，因为仔猪在晚上也要吃奶。

（6）每天必须检查仔猪能否喝上水。喝水比吃料更重要。

6. 药物预防保健与驱虫

断奶仔猪一般采食量较小，甚至一些小猪前几天根本不采食饲料，所以在饲料中加药保健达不到理想的效果，引水投药则可以避免这些问题达到较好的效果。密切注视猪群发病的时间，总结发病的规律，提前进行药物预防。在注射疫苗期间，饲料中加入优质的多维，可以在一定程度上缓解应激反应。断奶后3周左右应驱除体内外寄生虫，可以选择如"肯维灭""通灭"等高效的驱虫药，会有更好的效果。

7. 定期消毒

在消毒前首先将圈舍彻底清扫干净，包括猪舍门口、猪舍内外走道等。所有猪和人经过的地方每天进行彻底清扫。消毒包括环境消毒和带猪消毒，要严格执行卫生消毒制度，平时猪舍门口的消毒池内放入火碱水，每周更换2次，冬天为了防止结冰冻结，可以使用干的生石灰进行消毒。转舍饲养猪要经过"缓冲间"消毒。带猪消毒可以用高锰酸钾、过氧乙酸、威岛、菌毒消或百毒杀等交替使用，于猪舍进行喷雾消毒，每周至少1次，发现疫情时每天1次。注意消毒前先将猪舍清扫干净，冬季趁天气晴朗暖和的时间进行消毒，防止给仔猪造成大的应激，同时消毒药要交替使用，以避免产生耐药性。

实操训练

实训一　保育舍猪的日常管理

（一）实训目标

定岗实训，按照保育舍工艺流程进行保育猪的日常管理，将学习过程与工作过程融合在一起，将理论知识应用于真实职业情景的学习工作中，掌握保育猪的饲养管理，培养保育舍工作岗位的能力。

（二）实训动物和材料准备

规模猪场保育舍、保育猪若干、养猪仿真模拟系统、保育猪舍生产视频。

（三）实训内容

（1）保育舍进猪前的准备。
（2）分娩舍到保育舍的转群工作。
（3）保育舍仔猪的分栏和前期调教。
（4）保育舍仔猪的饲喂。
（5）保育舍环境控制。
（6）保育舍异常仔猪的特殊护理淘汰。
（7）保育猪保健。
（8）保育舍仔猪常见病的预防和治疗。

（四）实训步骤

1. 准备工作
保育舍岗位能力要求；实训猪场工作要求；保育舍工作过程；具有吃苦耐劳、热爱专业、有爱心等素质；思政教育；
2. 分组实训
按照实训基地要求，分组轮换进行，完成保育猪的日常管理工作。
3. 每组由实训指导老师和实训基地师傅进行指导，并负责学生操作考核成绩评定。

（五）实训作业及思考

（1）结合实训内容，总结保育猪日常管理内容。
（2）写出保育猪舍日常操作规程。

实训二　保育舍猪的日常保健

（一）实训目标

通过实训，学会保育猪群健康观察，为保育猪病诊断与治疗打好基础，提高保育猪的养殖效益。

（二）实训动物和材料准备

保育猪若干、体温计、听诊器等。

（三）实训内容

1. 静态观察

观察猪站立和睡卧的姿势，呼吸和体表状状态。

2. 动态观察

观察猪群站立姿势、精神状态、饮食排泄情况。

3. 异常猪观察

病猪呼吸次数、呼吸运动及呼吸姿势、咳嗽、皮肤及黏膜颜色等临床症状，发病日龄、范围、时间，病中所采取的措施。

4. 保育舍环境控制

判断温度、湿度、饲养密度、气流、空气质量等。

（四）实训作业及课后思考

（1）详细记录观察结果。

（2）保育猪舍的日常保健内容。

（3）保育猪舍的环境控制内容。

拓展知识

知识点　保育仔猪的特点

（一）母源抗体消失，抗病能力下降

仔猪断奶后，母乳中的母源抗体停止供应，母源抗体在体内慢慢消失，新的免疫系统尚未建立，是猪一生中最脆弱的生理阶段，最易为各种病原侵袭而致病。

（二）应激因素多

断奶期间如离开母猪、转入新环境、由母乳变为固体饲料、温度变化、抓猪、运输、疫苗注射、合群时殴打等因素均会造成保育猪应激反应。单纯或小的应激反应不会对保育猪造成大的影响，但应激因素的集中出现或强烈的应激会降低保育猪的抗病能力，使本来不完善的免疫系统加重负担。

（三）仔猪消化系统功能不健全

仔猪断奶时，其消化系统还很不完善，如消化酶的分泌很少，激活胃蛋白酶活性的胃酸分泌也很少，小肠和大肠消化功能很弱等。如果在由母乳向固体饲料过渡时处理不好，很有可能出现无法消化饲料，甚至损害消化道功能，出现严重的腹泻和掉膘。

（四）适应能力差

仔猪在分娩舍时，是在人为提供的最适环境中渡过的，如保温箱、分娩舍空间相对较大，空气质流动性好，空气质量较好等。即在温室长大的仔猪，缺乏对环境的应变能力，一旦出现环境突变，会出现不适应，抵抗力降低，甚至出现发病，严重导致死亡。

（五）生长幅度大

仔猪体重从断奶时 5~6kg（21~23d 断奶），到 70 日龄时的 30kg 左右，也就是在短短的 47~49d 增重 24~25kg，使体重增加 4.3 倍，对猪本身及各种外部条件要求是相当高的。

（六）饲料变化频繁，营养落差大

在保育期间，仔猪饲料从易消化的动物饲料为主变为植物饲料为主，蛋白质从 20% 降到 18%，赖氨酸从 1.5% 降到 0.9%，很多其他变化因素，这对仔猪来说是巨大的改变，每一次换料处理不好都会带来严重伤害。

（七）高密度饲养

保育猪舍为了便于管理操作，多采用网床高密度饲养，导致空气质量难以保证，保育猪发病后传播快，给疾病防治带来了难度。

（八）自由采食不易发现病猪

保育期间多采用自由采食形式，仔猪是否吃料不能很好在喂料期间发现，减少了发现病猪的一个主要途径。

项目思考

1. 如何做好保育舍的日常管理工作？

2. 保育舍常见的疾病有哪些？

3. 保育猪的特殊护理措施有哪些？

4. 保育舍常见的问题有哪些？

5. 断奶仔猪转保育舍需要注意什么？

项目六　育肥舍管理

　　1. 根据瘦肉率和生长阶段科学确定育肥猪的饲料配方，要求营养全价和平衡。

　　2. 采取"留弱不留强，拆多不拆少，夜并昼不并"的办法进行合理分群。

　　3. 保证足够、清洁的饮水非常重要。

　　4. 保持育肥猪舍清洁、干燥，及时清扫猪粪尿。

饲养目标

　　育肥猪是猪的营养生涯中最昂贵的一个阶段。猪在这一阶段吃下的饲料占其一生总采食量的75%。在这一阶段中，饲料报酬的提高可产生显著的经济效益。育肥阶段，猪体重的75%要在110d内完成，平均日增重700~750g。25~60kg体重阶段日增重应为600~700g，60~100kg阶段应为800~900g，上述增重速度只要给予合理的环境条件就能达到规定的指标。

必备知识

　　育肥猪是指从保育仔猪群中挑选出的专做育肥用的幼龄猪，一般饲养至5~6月龄，体重达90~100kg时屠宰出售。饲养育肥猪的要求是使其快速生长发育，尽早出栏，屠宰后的胴体瘦肉率高，肉质良好，因此该期饲养的重点是尽可能创造适合其生长发育的外部条件，最大限度地发挥其生长潜力，提高饲料利用率。

一、肥育猪生长发育规律

猪在生长发育过程中，各阶段的增重及组织的生长是不同的，也是有规律的。

（一）体重的增长规律

在正常的饲料条件、饲养管理条件下，猪体的每月绝对增重，随着年龄的增长而增长，而每月的相对增重（当月增重÷月初增重×100%），随着年龄的增长而下降，到了成年则稳定在一定的水平。就是说，小猪的生长速度比大猪快，一般猪在100kg前，猪的日增重由少到多，而在100kg以后，猪的日增重由多到少，至成年时停止生长。也就是说，猪的绝对增长呈现慢-快-慢的增长趋势，而相对生长率则以幼年时最高，然后逐渐下降。

（二）猪体内组织增长规律

猪体骨骼、肌肉、脂肪、皮肤的生长强度是不平衡的。一般骨骼是最先发育，也是最先停止的。骨骼是先向纵行方向长（即向长度长），后向横行方向长。肌肉继骨骼的生长之后而生长。脂肪在幼年沉积很少，而后期加强，直至成年。脂肪先长网油，再长板油。从出生到6月龄（体重100kg）猪体脂肪随年龄增长而提高；水分含量则随年龄的增长而降低；矿物质从小到大一直保持比较稳定的水平；蛋白质，在20~100kg这个主要生长阶段沉积，实际变化不大，每日沉积蛋白质80~120g。小肠生长强度随年龄增长而下降，大肠随着年龄的增长而提高，胃随年龄的增长而提高，总的来说，育肥期20~60kg为骨骼发育的高峰期，60~90kg为肌肉发育高峰期，100kg以后为脂肪发育的高峰期。所以，一般杂交商品猪应于90~110kg进行屠宰为适宜。

二、影响猪肥育的因素

（一）猪种

不同品种猪只在育肥过程中，在饲料、饲养管理、饲养时间、方法、措施等条件都相同，它的增重是不同的，如东山猪要比陆川猪日增重快10%~15%，不同杂交猪，其增重速度也不同，如陆川母猪×约克公猪，平均日增重500g；约杂1代母猪×长白公猪，平均日增重600g，一般杂种后代，比本地亲本的增重平均值提高15%~25%。

（二）饲料

饲料对增重影响很大。一是饲料数量的影响，猪吃得多、生长快，如30kg

的小猪，日食 2.5kg 精料可长 1kg 体重，吃 2kg 料，只能长 0.7kg。当然过多也会造成浪费。另一个是饲料品质的影响，如小猪日粮中所含蛋白质水平和氨基酸的种类、比例是否完全平衡。如粗蛋白水平 18%，比 14% 的增重快，同时用混合饲料比单一饲料喂猪增重快。

（三）育肥前仔猪的体重

育肥前体重大、生长发育好的仔猪，要比体重小、生长发育差的育肥效果要好，一般来说，断奶体重越大，肥育效果越好。

（四）年龄

按单位体重的增重率计，年龄越小，增重速度越快，年千克增重耗料越少。如 10kg 仔猪，每月增重 7kg，增重率 70%，肉料比 1：2.1；80kg 的大猪，每月增重 20kg，增重率只有 25%，肉料比 1：3.4，所以小猪阶段比大猪增重大，效益好。

（五）猪饲养密度

据试验，一栏养 10 头，每头占地面积 1.2m²，日增重 610g，另一栏养 15头，每头占地面积 0.8m²，日增重 580g，适当宽松对增重是有利的。

此外，性别（公猪比母猪增重快）、是否绝育（绝育的比不绝育的增重快）、温度（秋天肥育比夏天、冬天快），以及饲养方法（不限料比限料快）、饲喂餐数、驱虫与否等，对高产肥育都有影响。

三、育肥猪精细化饲养管理技术

育成育肥舍所养的猪是从 25~30kg 开始直到出栏，该期饲养的重点是尽可能创造适合其生长发育的外部条件，最大限度地发挥其生长潜力，提高饲料利用率。

（一）生产指标

成活率：98%；日增重：750g；饲料报酬：（2.6~3.3）：1；出栏日龄：168d 内。

（二）育肥阶段的工作重点

1. 降低死亡率

据分析，死亡一头 50kg 肥猪的损失，相当于哺乳猪的 3 倍、保育猪的 2倍，降低育肥猪死亡率的重要性不容忽视。造成育肥猪死亡的原因是病，但生病的猪不一定会死，所以在尽可能减少发病的情况下，处理好病猪会大大降低猪的死亡率，育肥阶段的病弱猪处理是减少死亡率的重要因素之一。

（1）降低发病率　主要措施是供给猪适宜的环境条件，同时不能忽视其他各种影响因素，一些猪场歧视肥猪，环境条件差，喂其他猪不吃的劣质原料配制的饲料，管理松散，这些都是造成发病率增高的原因。进舍猪质量差和进舍时条件不具备也是发病的原因之一。所以减少发病率只要注重以下几点，会收到明显的效果：一是进舍的猪要保证健康；二是在饲料、管理等方面不要虐待育肥猪；三是在可能发病的阶段提前进行预防。

（2）加强弱猪护理　肥猪相对于产房仔猪和保育仔猪来说，抗病力要强得多，从发病到死亡有一定的时间，这给我们采取治疗措施提供了足够的时间，而引起肥猪死亡多是因为发现较晚，已到病情很严重的时期。如果在病轻时将病猪挑出来及时治疗，大部分猪是可以治愈的。

以下8点可以作为挑病猪的参考：①看皮毛：健康猪毛皮发亮，毛顺而稀，白猪皮肤红润；病猪皮粗毛乱，有碎皮屑。②看眼神：健康猪眼发亮，有水灵气，眼球转动灵活；病猪眼无神，甚至不愿睁开，眼角有分泌物。③看呼吸：病猪呼吸加快，胸膜起伏大，甚至有声。④看耳朵、尾巴：健康猪在睡觉时耳朵和尾巴会不时活动，病猪则不动。⑤看躺卧：病猪不愿与健康猪合群，多愿独自躺在偏僻处。⑥看活动：健康猪在睡醒时主动接近饲养员，表示亲热，病猪则不愿动。⑦看鼻：健康猪较湿润，病猪干燥。⑧看粪便：是否有拉稀及干粪，颜色是否正常。

针对病弱猪的办法：①严把入舍猪质量关，保证进舍的每一头都是健康的。②每周一次挑选，将病猪和可疑猪挑出，隔离饲养。③进猪时留有几个专门的病猪栏。④对病弱猪采用拌料或饮水的方法给药，个别猪注射。⑤病重无治疗价值的猪要果断淘汰。以上五条足以将许多病猪挽救过来，大大降低肥猪死亡率。

2. 降低饲料成本

（1）提高饲料利用率　肥猪阶段用料是猪场用料的大部分，它的饲料利用率的高低对全场影响很大，提高饲料利用率是降低成本的因素之一。具体措施是：夏天降温，加大通风，减小密度，保持饲料新鲜等；冬季提高舍内温度，加强保温措施；全年保证饲料质量等。

（2）降低饲料价格　这里说的降低饲料价格是在保证配方合理的前提下，尽可能降低价格，但不能降低饲料品质。可从以下两点考虑：①充分利用当地廉价原料；②调整饲料配方，在降低价格的前提下，不影响饲料质量。

（3）调整好价格和质量的关系　在价格和质量的比较上，价格相差的比例远低于质量所差的比例，更低于效果相差的比例。所以进货时宁可多花一分钱进好料，不能图便宜进劣质料。

（4）杜绝浪费　饲料浪费是增加饲料成本的又一原因，杜绝浪费是生产上必须注重的问题。

（三）育肥猪精细的饲养管理技术

规模化生产的肉猪必须在 180 日龄体重达到 100kg 左右时，才能获得最优胴体及经济效益，为此，在该阶段的饲养管理方面应采取以下措施。

1. 制订确保生长育肥猪快速生长的营养水平

（1）日粮的蛋白质和氨基酸水平　日粮的蛋白质水平对商品肉猪的日增重、饲料转化率和胴体品质影响较大，受猪的品种、日粮的能量水平及蛋白质的配比所制约。

根据我国情况及近期科研成果对日粮粗蛋白水平提出一建议：体重 20～60kg 时瘦肉型猪为 16%～17%；60～100kg 为 15%（为了提高日增重）或 16%（为了提高瘦肉率）。在肉猪日粮中，供给合理的蛋白质营养时，要注意各种氨基酸的给量和配比合适。

赖氨酸一般为猪的第一限制性氨基酸，对猪的日增重，饲料转化率及胴体瘦肉率的提高具有重要作用。当赖氨酸占粗蛋白质 6%～8% 时，其蛋白质的生物学效价最高，这是国内外研究证实的。因此，必须注意日粮中赖氨酸占粗蛋白质的配比。

（2）抗生素的选择作用　日粮中添加抗生素对仔猪的促生长作用是巨大的，当仔猪长大了，它体内的免疫系统健全了，它就可以抵御环境中病原微生物的侵袭。如果猪舍的环境特别脏或疾病的程度加重，可以在日龄较大的猪的日粮中添加抗生素，达到防病治疗的目的。

2. 确定合理的圈养密度

许多研究证明，随着圈养密度或肉猪群头数的增加，平均日增重和饲料转化率均下降，群体越大猪的生产性能表现越差。因为密度越高则单位时间内肉猪群间摩擦次数增加，说明密度高时，强弱位次对于维持肉猪群正常秩序已失去作用，特别是在饲槽前打乱秩序更为突出。猪的饲养密度应为：每 10kg 体重占面积达到 $0.1m^2$。

3. 尽可能做到一次组群饲养

这是根据行为学研究所确定的一条养猪原则。猪是群居动物，来源不同的猪合群时，往往出现剧烈的咬架，相互攻击、强行争食，分群躺卧各据一方，这一行为造成个体间增重的差异可达到 13%。一次组群，终生不变，形成稳定的群居秩序，就不会出现上述现象，对肉猪生产极为有利。

4. 饲料调制和饲喂

（1）科学地调制饲料和饲喂　这对提高肉猪的增重速度和饲料利用率，降低生产成本有着重要的意义，同时也是肉猪日常饲养管理工作中的一项重要工作。特别是在后期，肉猪沉积一定数量的脂肪后，食欲往往会下降，更应引起注意。

将饲料粉碎后根据营养成分按比例配合调制，呈干粉状饲喂。在自由采食自动饮水的条件下，可大大提高劳动生产率和圈舍利用率。饲喂干粉料时，饲料的粉碎细度：30kg 以下的小肉猪饲料颗粒直径在 0.5~1mm 为宜，30kg 以上，饲料颗粒直径以 2~3mm 为宜，过细的粉料易粘于舌上较难咽下，影响采食量，同时细粉易扬而引起猪肺部疾病。

（2）饲喂管理　自由采食与限量饲喂两种饲喂方法多次比较试验表明，前者日增重高背膘较厚，后者饲料转化效率高背膘较薄。为了追求高的日增重用自由采食方法最好，为了获得瘦肉率较高的胴体采用限量饲喂方法最优。

饲喂环境必须有利于猪方便吃到充足的饲料，应尽可能地减少同别的个体竞争饲料和饮水，还应能允许猪在圈内自由走动。猪的采食过程十分简单。猪首先从休息姿势起身，走向饲槽进行采食，然后走向水源去喝水，最后进行排泄或是返回休息处，结束采食过程。因此，猪圈的设计必须有利于猪的这些活动。最常见的错误是饲料和饮水的位置设置不当，使得猪从饲槽至水源的路上必须穿过休息区，这就增加了猪相互打斗的可能性，既消耗了能量还会引起损伤。

5. 公母猪应分开饲喂

去势猪通常比小母猪增重快，同样，去势猪采食量要比小母猪大得多，研究表明，去势公猪的饲料采食量要比小母猪高出 5%，这方面的差别是由体重决定的。已经发现，在去势公猪和小母猪之间的这种饲料采食量的差别通常发生在体重 25~80kg。

6. 其饮水量应为风干饲料量的 2~3 倍或体重的 10% 左右；春秋季节为采食风干饲料的 4 倍或体重的 16%、夏季为风干饲料的 5 倍或体重的 23%。饮水设备以自动饮水器较好，或在圈内单独设立一槽，经常保持充足而洁净的饮水，让猪自由饮用。

有四个因素影响猪的饮水量：一是圈内饮水槽位不足；二是乳头状饮水器的出水率不足；三是饮水器的高低不合适；四是饮水槽不卫生。对猪在热应激期间的行为进行简单的观察就可弄清猪的饮水槽位是否足够。

7. 做好调教工作

（1）限量饲喂要防止强夺弱食　当调入肉猪时注意所有的猪都能均匀采食，除了要有足够长度的饲槽外，对喜争食的猪要勤赶，使不敢采食的猪能得到采食的机会，帮助建立群居秩序，分开排列、同时采食，如能采用无槽湿拌料喂养争食现象就会大大减少，但要掌握好投料量。

（2）固定地点，采食、睡觉、排便三点定位，保持猪栏干燥清洁　通常运用守候、勤赶、积粪、垫草等方法单独或交错使用进行调教。例如：当小肉猪调入新猪栏时，已消毒好的猪床铺上少量的垫草，饲槽放入少量饲料，并在指定排便处堆放少量粪便，然后将小肉猪赶入新猪栏，发现有的猪不在指定的地点排便，应将其散拉在地面的粪便铲在粪堆上，并结合守候和勤赶，这样，很快就会养成三点定位的习惯。有个别猪对积粪固定排便无效时，利用其不喜睡卧潮湿处的习性，可用水积聚于排便处，进行调教。在设置自动饮水器的情况下，定点排便调教更会有效。做好调教工作，关键在于抓得早、抓得勤（勤守候、勤赶、勤调教）。

8. 做好防疫和驱虫工作

（1）防疫　预防猪瘟、猪丹毒、猪肺疫、仔猪副伤寒、水疱病和病毒性痢疾等传染病，必须科学地免疫和预防接种。做到头头接种，对漏防猪和新引进的种猪，应及时补接种。新引进的种猪在隔离舍期间无论以前做了何种免疫注射，都应根据本场免疫程序接种各种传染病疫苗。仔猪在育成期前（70日龄以前）各种传染病疫苗均进行了接种，转入肉猪群后到出栏前无须再进行接种，但应根据地方传染病流行情况，及时采血监测，防止发生意外传染病。

肥育猪推荐免疫程序：

1日龄：猪瘟常发猪场，猪瘟弱毒苗超前免疫，即仔猪生后在未采食初乳前，先肌肉注射一头份猪瘟弱毒苗，隔1~2h再让仔猪吃初乳；

3日龄：鼻内接种伪狂犬病弱毒疫苗；

7~15日龄：肌肉注射气喘病灭活菌苗、蓝耳病弱毒苗；

20日龄：肌肉注射猪瘟、猪丹毒二联苗（或加猪肺疫三联苗）；

25~30日龄：肌肉注射伪狂犬病弱毒疫苗；

30日龄：肌肉或皮下注射传染性萎缩性鼻炎疫苗；

30日龄：肌肉注射仔猪水肿病菌苗；

35~40日龄：仔猪副伤寒菌苗，口服或肌注（在疫区首免后，隔3~4周再二次免疫）；

60日龄：猪瘟、肺疫、丹毒三联苗，2倍量肌注。

生长育肥期肌注两次口蹄疫疫苗。

（2）驱虫　肉猪的寄生虫主要有蛔虫、姜片吸虫、疥螨和虱子等体内外寄生虫，通常在90日龄进行第一次驱虫，必要时在135日龄左右进行第二次驱虫。驱除蛔虫常用驱虫净（四咪唑）每1kg体重20mg；丙硫苯咪唑，每1kg体重 100mg，拌入饲料中一次喂服，驱虫效果较好。驱除疥螨和虱子常用敌百虫，每 1kg 体重 0.1g，溶于温水中，再拌和少量的精料空腹前喂服。

服用驱虫药后，应注意观察，若出现副作用时要及时解救，驱虫后排出的虫体和粪便，要及时清除发酵，以防再度感染。

9. 认真解决猪舍小气候中不利因素对肉猪的影响

在肉猪高密度群养条件下，空气中的二氧化碳、氨气、硫化氢、甲烷等有害气体成分的增加，都会损害肉猪的抵抗力，使肉猪发生相应的疾患和容易感染疾病。

（1）在设有漏缝地板的肉猪舍里饲养生长肉猪，由于换气不良，舍温 29～33℃时，贮粪沟里的粪便发酵最旺盛，空气中的二氧化碳含量大大增加，氨气含量比通风良好的肉猪舍最高标准量 0.18% 高出 1 倍，使肉猪气管受到刺激，增加了呼吸道病特别是肺炎的感染率，直接导致猪只生长速度下降。

（2）肉猪舍内空气中尘埃量的多少也是影响肉猪健康的因素之一。空气中的尘埃含量增加，主要是由于利用低质量的颗粒饲料、把饲料撒地或干粉料所致。据测验 87% 的患肺炎的肉猪发生在尘埃较多的猪舍里。另外，尘埃虽不多，但氨气太浓，也会使肉猪发生严重的组织病变。

（3）高密度饲养的肉猪一年四季都需通风换气，但是在冬季必须解决好通风换气与保温的矛盾，不能只注意保温而忽视通风换气，这会造成舍内空气卫生状况恶化，使肉猪增重减少和增重饲料消耗。在北方地区中午打开风机或南窗，下午 3：00—4：00 关风机或窗户，就能降低舍内温度增加新鲜空气。密闭式的猪舍要保持舍内温度为 15～20℃、空气相对湿度为 60%～70%。

在肉猪舍内潮湿、黑暗、气流滞缓的情况下，空气中微生物能迅速繁殖、生长和长期生存。微生物在舍内的分布是不均匀的，通道和猪床上空的分布较多，它与生产活动有着密切的关系，凡在生产过程中产生的水雾、尘埃较多时，则空气中的微生物数量也增加。若保证肉猪舍温度适宜、干燥和通风换气良好，病原微生物就得不到繁殖和生存的条件，呼吸道与消化道疾病的发生就可以控制在最低限度。

（四）生产上的操作技巧

1. 三点定位

吃料、喝水、排粪三点定位是育肥阶段的重要工作，在入舍定位好会给以后的管理带来各方面的便利。生产上有多种定位方法，下面介绍一些猪场成功的方法。

（1）入栏时定位 在猪刚转入还未对新栏圈熟悉时，人为地采取措施，在定点排粪处洒水或将猪粪尿集中，可以吸引猪去排粪尿，如饲养员坚持一天，就可将多数猪定位成功。

（2）料定位 在猪固定躺卧处撒一些料，猪喜欢干净，一般不在料上排粪尿，但却会在这里躺卧，经过几天，多数猪的定位也会成功。

（3）水定位 一个猪场采用水定位，是在定点排粪尿处先放些水，其他地方是干燥的，猪会主动到有水的地方排粪尿，以后慢慢撤去水，猪的排粪地点已固定。

（4）晚间定位 在猪晚上睡觉时，将猪赶到固定地方睡觉，待第二天起来，躺卧处已干燥，其他地方仍湿或脏，这样猪会选择又燥又净的地方躺卧，定位一夜成功。

（5）隔离定位 猪入栏时常出现混打架的现象，使得地面很脏；在有条件的猪场（半开放式猪舍，舍外有运动场），先将猪放在运动场，混合一段时间后赶回舍内休息，由于舍内较运动场干燥，猪多愿在舍内休息，到舍外运动场去排便，这样定位也就成功了。

2. 采血技术

育肥猪采血化验是很难的一项工作，个体大不易固定，血管细难以入针。如果采用前腔静脉采血则方便多了。方法：将猪面朝上固定，全身呈一直线，前肢上抬，这样在胸前部会出现左右两个明显的小窝，将针从这两个小窝斜着向对侧肩关节顶端刺入，直接找前腔静脉窦，熟练的话几秒针就可以采到足够的血。如站立或倒提采血也可。

3. 均匀拌料方法

生产中，人工拌料时候很多，饲料过渡需要拌料，大群加药需要拌料，驱虫时需要拌料，但现在许多职工不懂拌料的方法，既费力又搅拌不均匀，起不到应有的效果，下面把两种拌料的方法推荐给大家：

（1）逐步多次稀释法 这是混合品种少或微量成分时采用的一种方法，如将100g药品加入到10kg饲料中，先将100g药和100g饲料混合均匀，再将这200g混合物和200g饲料混合，变成400g，这样依次加料，直到全部混匀。这种方法能保证混合的均匀度，但显得有些烦琐。

（2）金字塔式拌料法 首先按原料数量的多少依次由下而上均匀堆放，形成一个金字塔式的圆台，原料最多的在底层，量少的在顶层，然后从一边倒堆，变成一个新的圆台。经过人工搅拌和饲料自己的流动，一般6~8次就可搅拌均匀。这种方法简单实用，适合于原料数量大品种数量多的情况下采用。

以上两种方法各有优缺点，如果结合起来效果最好。

四、猪肉品质的评价

（一）猪的屠宰要求和猪肉卫生标准

1. 屠宰要求

一般在活重90kg左右屠宰，宰前禁食给水24h，严禁有害刺激（鞭打、急赶、高温等），采用宰前电击晕法麻醉，放血采用切断颈部大血管（动脉）放血法，烫毛水温60~68℃。

2. 猪肉卫生标准

猪肉必须经过检验卫生合格，才可以销售。

（1）鲜猪肉卫生标准 鲜猪肉是指生猪屠宰后，经兽医卫生检验符合市场鲜销又未经冷冻的猪肉。

对于鲜肉的感官指标我国有国家标准（表6-1）。

表6-1 猪肉卫生标准（感官指标）（GB 20799—2016）

项目	鲜猪肉	冻猪肉
色泽	肌肉有光泽、红色均匀、脂肪乳白色	肌肉有光泽、红色或稍暗、脂肪白色
组织状态	纤维清晰、有坚韧性、指压后凹陷立即恢复	肉质紧密、有坚韧性、解冻后指压凹陷恢复较慢
黏度	外表湿润、不粘手	外表湿润、切面有渗出液、不粘手
气味	具有鲜猪肉固有的气味、无异味	解冻后具有鲜猪肉固有的气味、无异味
煮沸后肉汤	澄清透明、脂肪团聚于表面	澄清透明或稍有混浊，脂肪团聚于表面

（2）冷冻肉卫生标准 冷冻肉是指生猪屠宰后，经兽医卫生检验符合市场鲜销，并符合冷冻条件要求冷冻的猪肉。

（3）无公害食用猪肉的安全指标 含有有毒有害物质（如重金属、激素、β-兴奋剂、抗生素等）残留的猪肉对人类的健康有极大的危害，现在国内外对猪肉的安全问题非常重视。针对这一问题，我国在2001年制订了《无公害食品—猪肉》的行业标准（NY 5029—2001），以及国标《农产品安全质量无公害畜禽肉安全要求》（GB18406.3—2001）。

（二）猪肉品质评定

1. 对肉质品质的要求

正常肉质：肌肉紧密有弹性、鲜红有光泽、宰杀后45min内背最长肌的pH在6以上、系水力高、滴水损失低、肌肉表面干燥无水分渗出、胴体脂肪洁白坚实。

安全优质肉：猪肉的品质好（特别是肉色、嫩度、肌内脂肪含量、肌纤维粗细等）、猪肉中各种有毒有害物质的残留不允许存在或降到最低，如盐酸克伦特罗（瘦肉精）、磷、氯、重金属、激素等有毒有害物质。

国家已禁止生产和使用瘦肉精，因为食用含有它的猪肉会使人头晕、心跳加速、烦躁、身体颤抖、头和肌肉疼痛等。

重金属（汞、铅、砷、镉等）会致畸、致突变、致癌等；具有抗生素残留的猪肉，会使人体内病原菌的耐药性增强，扰乱人体肠道菌群的平衡（使非致病菌死亡，致病菌增殖），而使人得病；激素残留猪肉会影响人的正常生长发育和健康状况（如雄激素对人体肝脏、雌激素致癌等）。

针对有毒有害物质残留的普遍存在，我国农业部为了生产安全猪肉，制订了 NY/T 5033—2001《无公害食品　生猪饲养管理准则》，对有毒有害物质做了明确的规定，如禁止使用盐酸克伦特罗、激素等；使用抗生素类添加剂时，在猪出栏前要有一个休药期等。

2. 肉的品质评定方法

衡量肌肉的品质有很多指标，不同的产业部门有不同的看法，如养猪场、屠宰场、肉类及肉制品加工厂贮存和销售业者，他们都从各自的利益出发，提出评定肉质的指标，而消费者又有自己的评定标准。

从肉类科学和消费者最关心的食用品质和具有重要经济价值的性状来看，衡量肌肉品质的指标主要有肌肉的 pH、颜色、保水力、滴水损失、大理石纹、熟肉率、嫩度和香味 8 项。

（1）肌肉 pH　肌肉 pH 即肌肉的酸碱度，它是评定肌肉品质优劣的标准。肌肉 pH 的测定时间是屠宰后 45min 和 24h，部位是背最长肌（测定白肌肉）和半膜肌或头半棘肌（测定黑干肉），可用玻璃电极（或固体电极）直接插入肌肉内测定。

白肌肉的判定标准是：宰后 45min 和 24h 眼肌的 pH 分别低于 5.6 和 5.5。

黑干肉的判定标准是：宰后 24h 半膜肌的 pH 高于 6.2。

它是反应宰杀后猪体内肌糖原酵解速率的重要指标，并且是判定正常和异常肉质的重要依据。糖酵解的最终产物是乳酸，乳酸在肌肉中积蓄将导致肌肉pH 降低，肌肉酸性增高，将使蛋白质变性，从而使肌肉保水力降低和颜色变为灰白色，呈现白肌征状。

（2）肌肉颜色　它是重要的食用品质之一，它反映了肌肉的生理学、生物化学和微生物学的变化，人们可以通过这种表面现象判断肉质的好坏。

肌肉有颜色是由于存在有肌肉色素，肌肉色素主要由肌红蛋白和血红蛋白构成的。肌肉的颜色变化取决于血红素环上的铁原子的化学价。

当肌肉存放时间较短，血红素上的铁（Fe^{2+}）未被氧化，形成氧合肌红蛋白，此时肌肉呈现亮红色，较受欢迎；当存放时间过长，铁被氧化，呈 Fe^{3+}，此时的肉呈棕褐色，肌红蛋白变性，肉质较差，不受消费者欢迎。

肉色评定分主观和客观评定两种方法。客观测定是利用各种仪器如色差仪等来测定肌肉的亮度、色度等；主观评定是根据肉色评分标准图进行目测评分，在白天室内正常光照下进行。我国较多使用 5 级分制评定肉色，3 分和 4 分均为正常肉色，1 分和 2 分为白肌肉，5 分暗黑色为黑干肉。

（3）肌肉保水力　或称系水力，是指当肌肉受到外力作用时（如加压、切碎、加热、冷冻、融冻、贮存、加工等），保持其原有水分与添加的水分的能力。

保水力直接影响肉的滋味、香气、营养成分、多汁性、嫩度、色泽等食用品质，而且有重要的经济意义，因为如果保水力差，则肉在存放过程中将失重，将造成经济损失。

常用的测定方法是用压力仪测定，可测出肌肉的失水率和肌肉保水力两个指标，都能反映肌肉的保水力状况。

（4）滴水损失　即在不施加任何外力而只受重力作用的条件下，肌肉蛋白质系统在测定时的液体损失量被称为是滴水损失。

它与肌肉的保水力呈负相关，所以可用作推断肌肉的保水力。这种方法较适合现场应用。

（5）肌肉大理石纹　它是指一块肌肉内可见的肌内脂肪，它的含量和分布状况与肌肉的多汁性、嫩度和滋味密切相关，是一种主观的肌内脂肪含量测定方法。我国地方猪的肌肉大理石纹分布与含量较引进猪种丰富。

测定方法是目测，按照评分标准图，5 级分制，3 分为理想分布，2 和 4 分尚理想，1 和 5 分为非理想分布（一个极少，一个极多脂肪）。

（6）熟肉率　肌肉受热后，其组织成分发生一系列物理和化学变化，发生重量损失，熟肉率就是度量肌肉经过烹煮后损失的程度。

（7）肌肉嫩度　肌肉的嫩度是人们较重视的食用品质之一，它反映了人们对肉的口感惬意程度。对肌肉嫩度的评定较复杂，因为较难用科学仪器来测定，而要靠人们的口去品尝，如肉对舌与颊的柔软性、肉对牙齿压力的抵抗性、咬断肌纤维的难易程度以及咬碎程度等。

肌肉嫩度的评定方法有主观评定和客观测定两种。主观评定要靠评定人员亲口品尝咀嚼肌肉，来进行判断。此法现在仍较常用。

客观测定法主要采用科学仪器来测定，如剪切仪，以及我国较常用的肌肉嫩度测定计。方法见参考书。

（8）香味　人们通过嗅觉、味觉以及触觉能感觉到肌肉具有不同的香味，主要由于肌肉中有各种挥发性及水溶性和脂溶性物质、肉的纹理嫩度多汁性等。

由于肌肉中有各种香味前体物，经过加热后肉即散发出香味，与肉香味有关的化学物质很多，如羰基化合物（醛、酮）、含氧杂环化合物（呋喃类）、含氮杂环化合物（吡嗪、吡咯、吡啶）等。

（三）异常肉及其预防

异常肉的异常情况包括肌肉异常和脂肪异常。肌肉异常包括白肌肉、黑干肉等；脂肪异常的有黄膘肉、软膘肉、水膘肉和腐败肉等。

1. 白肌肉

白肌肉指猪宰后肉呈现灰白色（pale）、柔软（soft）和有汁液渗出（exudative）等征状。白肌肉外观上肌肉纹理粗糙、肌肉块互相分离、贮存时有水分渗出，严重的呈水煮样，宰后肌肉 pH 低于 6.0。

白肌猪肉的发生与遗传和环境因素有关。遗传方面，如有些品种猪易出现白肌肉，如皮特兰猪、长白猪等，因它们含有隐性氟烷基因；环境因素方面，如饲养管理、运输、屠宰过程中造成的应激。

预防白肌肉发生的措施有：选育抗应激品种（系）；饲粮中添加维生素 E 和硒；减少宰前的各种应激；屠宰过程要迅速（30~45min 内完成），在 15℃ 下预冷。

2. 黑干肉

黑干肉即猪肉外观上呈现暗黑色（dark）、质地坚硬（firm）和表面干燥（dry）的征状。

任何猪都有可能发生黑干肉征状，它的发生与遗传因素无关。唯一条件就是屠宰时肌肉中能量水平低（由于猪在宰前处于持续和长期的应激下，肌糖原消耗殆尽，屠宰时猪呈衰竭状态）。

对猪来讲，发生白肌肉的频率高于黑干肉。

应避免使猪长期处于应激条件下，以保证屠宰时肌肉中能量水平适宜。

3. 黄膘肉

脂肪呈淡黄色的猪肉被称为是黄膘肉或黄脂。黄膘肉主要由色素和黄疸引起，其中由色素引起的主要与饲料有关，如长期、大量的饲喂蚕蛹、生鱼渣、鱼油等，因为它们中含有较多的高级不饱和脂肪酸，它们容易被氧化形成过氧化物，之后发生黄膘；由黄疸引起的黄膘，多数是那些能引起肝脏、胆囊病变的疾病和饲料中毒症造成的，如棉籽饼中毒、霉玉米中毒、钩端螺旋体病等，都易发生黄膘。

为防止黄膘的发生，鱼油量应控制在给料量的 5% 以下；生鱼渣限制在

15%，并配合淀粉类和维生素 E（可防黄膘）。

4. 其他异常肉

其他异常肉还包括"白肌肉"，发生这种异常肉的猪，其心肌和骨骼肌变性，肌肉变白。饲料中缺乏硒和维生素 E 易出现"白肌肉"，饲料中要多喂青绿饲料（维生素 E 丰富）；在缺硒地区应给猪补硒（每 1kg 体重肌注 0.1~0.2mg 亚硒酸钠）。

软脂肉是指脂肪中含有较高的不饱和脂肪酸。这种猪肉易变质，不易切薄片。这种猪肉与饲料配制不合理有关。如在屠宰前 3 个月内，大量喂给含植物油4%以上的饲料（如大豆、花生、油、米糠等），而使脂肪变软。

腐败肉主要是由于加工贮藏方法不当引起的，故应创造良好的卫生条件，采取有效的贮藏方法。

实操训练

实训　猪肉品质测定

（一）实训目的

通过实训初步了解和熟悉猪肉品质测定的基本内容和方法，要求掌握肌肉纤维细度的测定方法和意义。

（二）实训设备和材料

实训材料：猪的背最长肌及臀部肌肉各一块，20%的 HNO_3 溶液，pH 试纸，甘油，肉色评分标准图，大理石评分标准图等。

实训设备：显微镜、镊子、手术刀、探针、酸度计、色值仪、分析天平、肉质压缩仪、水浴炉及水浴锅、肉样剪切仪、冰箱等。

（三）实训方法和手段

实验采用演示、讲解及学生动手操作等方法，使学生基本掌握肉质测定的基本内容和方法，学会对肌肉纤维的细度检测步骤和方法。

（四）实训内容

1. 肉质评分

猪的肉质优劣，对养猪生产和猪肉销售和食用的口感和风味影响很大，长期以来，人们一直致力于提高猪的产肉性能，而忽视了猪的内在机能，加之高集约化的饲养管理，导致在提高瘦肉率的同时，伴随着肉质变劣的发生，目前人们对此已引起极大的关注，评判肉质的优劣主要依赖于肉质指标。常用的肉质指标 pH、色值、系水力、肌肉脂肪、大理石纹、嫩度、滴水损失、品尝评定和风味等，此外还有许多活体早期评定肉质优劣的方法，如酯型、酶活性、氟烷测定、氟烷基因型 PCR 测定等。氟烷阳性猪的劣质肉发生率为 60% ~ 70%。劣质肉主要表现形式有白肌肉和黑干肉两种。在研究肉质和比较肉质性状的差异时，必须考虑到品种特性、评定方法、判定标准、宰前处理和屠宰条件等因素。

（1）肉色（Meat Color） 肌红蛋白（Mb）和血红蛋白（Hb）是构成肉色的主要物质，起主要作用的是 Mb，它与氧的结合状态，在很大程度上影响着肉色，且与肌肉的 pH 值有关，其遗传力约为 0.30。肉色的评定方法很多，目前使用的主要有主观评定和客观评定两大类。

①主观评定：是依据标准的图板进行 5 分制的比色评定。在猪宰后 1 ~ 2h，取胸腰椎接合处背最长肌横断面，放在 4℃ 左右的冰箱里存放 24h，1 分为灰白色（白肌肉色），2 分为轻度灰白色（倾向黑干肉色），3 分为鲜红色（正常肉色），4 分为灰白色（正常肉色倾向黑干肉色），5 分为按褐色（黑干肉色）。

②客观评定：是利用仪器设备进行测定。目前使用较多的是色值测定、色素测定和总色素测定等，评定时间和部位与主观评定一致，将肉样切成约 1cm 厚的肉片，放置在仪器的测定台上，按读数键即可读出响应的色值。一般认为色值越高，肌肉的颜色越苍白；色值越低，肌肉的颜色越暗，正常的色值一般在 15 ~ 25，色值与评分的关系：2 分：25 ~ 35；3 分：15 ~ 24；4 分：6 ~ 10。

（2）系水力（weter hoiding capacity） 研究表明肌肉中水分约占 70%，其遗传力为 0.65，测定方法如下：

重量加压法：在宰后 2h 内，取第 1、2 腰椎处背最长肌，切成 1cm 厚的薄片，用天平称压前肉样质量，然后把肉样放在加压器上加压去水，并保持 5min，撤除压力后立即称量压后肉样质量。结果计算：

$$失水率 = （压前肉样重 - 压后肉样质量）÷压前肉样质量 × 100\% \qquad (6-1)$$

$$系水力 = 1 - （失水率 ÷ 该肉样水分含量）÷ 100\% \qquad (6-2)$$

滴水损失法：在宰后 2 ~ 3h，取第 2、3 腰椎处背最长肌，顺肉样肌纤维方向切成 2cm 厚的肉片，修成长 5cm、宽 3cm 的长条称量，用细铁丝钩住肉条的一端，使肌纤维垂直向下，悬吊于塑料袋中（肉样不得与袋壁接触），扎好袋口后吊挂于 4℃ 左右的冰箱条件下保持 24h，取出肉样称量计算。

$$滴水损失 = （吊挂前肉条质量 - 吊挂后肉条质量）÷ 吊挂前肉条质量 × 100\% \qquad (6-3)$$

无论是失水率还是滴水损失，其值越高，则系水力越差。

熟肉率：宰后 2h 内取腰大肌中段约 100g 肉样，称蒸前质量，然后置于锅蒸屉上用沸水蒸 30min。蒸后取出吊挂于室内阴凉处冷却 15~20min 后称量，并按下式计算熟肉率：

$$熟肉率＝（蒸后质量÷蒸前质量）×100\% \tag{6-4}$$

（3）pH（pH-value） 宰后肌肉活动的能量来源主要依赖于糖原和磷酸肌酸的分解，二者的产物分别是乳酸和磷酸及肌酸，这些酸性物质在肌肉内储积，导致肌肉 pH 从活体时 7.3 左右开始下降，肌肉酸度的测定最简单快速的方法仍是 pH 测定法。

一般采用酸度计测定法。在猪宰后褪毛前，于最后肋骨处距离背中线 6cm 处开口取背最长肌肉样，肉样置于玻璃皿中，将酸度计的电极直接插入肉样中测定，每个肉样连续测定 3 次，用平均值表示。正常背最长肌的 pH 多在 6.0~6.5，pH<5.9，并伴有肉色暗黑，质地坚硬和肌肉表面干燥等现象，可判为黑干肉。

（4）肌内脂肪（intramuscular fat） 肌内脂肪主要以甘油酯、游离脂肪酸及游离甘油等形式存在于肌纤维、肌原纤维内或它们之间，其含量及分布因品种、年龄及肌群部位等因素而异。其遗传力约为 0.40。

主观评定（大理石纹评定）：取最末胸椎与第一腰结合处背最长肌横断面，在 0~4℃ 的冰箱中存放 24h，与肉色评分同时进行。对照大理石纹标准评分图进行评定：1 分脂肪呈痕迹量分布，2 分脂肪呈微量分布，3 分脂肪呈少量分布，4 分脂肪呈适量分布（理想分布），5 分脂肪呈过量分布。两分之间允许评 0.5 分，结果用平均值表示。

客观评定是采用索氏法测定脂肪含量。

（5）肌肉嫩度（tenderness） 肌肉中的蛋白质大致可分为肌浆蛋白质、结缔组织蛋白质和肌原纤维蛋白质三大类。其中结缔组织蛋白质和肌原纤蛋白质对肌肉嫩度后较大的影响，嫩度的评定方法主要有客观评定和主观评定，影响肌肉嫩度的因素主要有遗传因素、营养因素和年龄等，其遗传力约为 0.4。

肉样的制备：取宰后 2h 内或熟化 24h 以上，第 6~10 胸椎处的背最长肌，顺肌纤维走向切成厚 2cm 的肉片，并修成长 5cm、宽 2cm 的长条，将肉条装入塑料袋中，隔水煮约 45min（肉条中心的温度达 80℃ 即可），迅速冷却至室温后编号。

主观评定就是人对评定的肉进、口感评定，客观评定（剪切值测定法）是将长条顺肌纤维走向处理后，置剪切仪的剪切台上按向下键剪切肉条，每个长条切 4 次，每个肉样切 5 个长条，用平均值表示，剪切值越小，嫩度越好。

2. 猪肉的肌纤维（细度）测定

（1）标本切片的制作 取猪臀部肌肉一块，切成 1cm 左右见方的肉样，在

20%的 HNO$_3$ 溶液中浸泡 24h 后取出肉样备用。

（2）肌纤维细度测量　把浸泡的黄色肉样用探针和镊子撕开，取一小撮内部肌肉纤维放在载玻片上，滴一滴甘油，然后用探针把肌肉纤维磨碎均匀。盖上盖玻片，再把制作好的切片放在带有目测微尺的显微镜下，观察其肌肉纤维的直径，并通过目测微尺读出和记录部分肌肉纤维的直径数值，计算其平均值。

（五）实训结果整理

每人在显微镜下观察 100 根肌肉纤维，并记录算出肌纤维的平均细度。

拓展知识

知识点一　猪肉安全生产管理

（一）安全猪肉生产过程中的关键控制措施

1. 从源头抓起

防止和杜绝猪肉食品安全问题的发生只有通过源头的控制才能实现，即从饲料、生猪饲养（疫病防治）、屠宰加工、运输、储存和销售的全过程的监控，堵住每一个可能的污染源，而不仅仅是注重检测最终产品本身。

2. 进一步规范定点屠宰厂建设

努力使定点厂的软硬件提高到一个新水平。应加强对生猪定点屠宰厂的监督和管理；对少数设施不全，管理混乱，经整改后仍不能达标的定点屠宰厂取消其经营资格。应继续强化监管、规范操作，严把生猪出厂产品质量，出厂产品严格执行"两章一票"制度并有随货同行单。为实施肉品市场准入、规范经营行为提供相关手续，确保上市肉品安全放心。

3. 建立无规定疫病区

加强疫病防治是确保猪肉安全的关键，对猪病实现区域化管理，通过政府部门加强基地县兽医防疫的基础设施建设，采取行政、法律、经济、技术等手段在内的综合防治措施，降低猪的发病率、死亡率，建立无规定疫病生产区。加强生猪饲养过程的监督管理，生猪饲养全过程接受检验检疫部门的监管，做到统一供仔猪、统一防疫消毒、统一供应饲料、统一使用兽药、统一收购屠宰。

4. 使用安全饲料与饲料添加剂

通过饲料污染而导致猪肉不安全的可能性最大，因此，把好饲料关直接关系到猪肉是否被污染。

5. 加强疫病防治

生产安全猪肉，必须加强兽医卫生与防疫设施建设，严格实施 NY 5031—2001《无公害食品　生猪饲养兽医防疫准则》，建立健全疫病监测、控制与扑灭机制，并根据各地县猪病流行情况，制定切实可行的兽医卫生防疫制度、猪传染病的疫苗免疫预防程序和猪寄生虫病的防治措施，预防猪传染病和寄生虫病的发生，保证猪肉产品的生物安全性。

6. 规范使用兽药

兽药的规范使用与严格执行休药期，是生产安全猪肉的关键措施之一。生产安全猪肉的猪群尤其是生长育肥猪尽量不用药或少用药，必须用药时严格按照 NY 5030—2016《无公害食品生猪饲养兽药使用准则》执行。禁止使用违禁药品如 β-兴奋剂、镇静剂、激素等和农业部规定禁止使用的药品，减少和控制使用抗生素与磺胺类药。在基地县大力推广应用中草药制剂、微生态制剂等无污染、无残留、无公害的安全兽药，消毒时禁止使用酚制剂。为控制药源，建立以各基地县兽医站为主的药物使用控制中心，严格执行《中华人民共和国兽药管理条例》，药品实行专人采购，禁止使用假冒伪劣兽药、麻醉药、兴奋药、化学保定药、骨筋肌松弛药等；对所有加入安全猪肉生产体系的猪场或养猪户实行统一供货制度，严格按休药期用药，对育肥猪只使用休药期短的药品，猪只用药实行兽医处方制度。并对各有关人员尤其是饲养人员、技术人员、管理人员进行安全生产和安全用药知识、意识的教育与培训。各猪场或养猪大户建立药物使用档案并建立药物使用检查制度，对于有休药期的药物，在具体使用中，由药物控制中心（各基地县兽医站）派专人对猪场和养猪户进行定期和不定期的检查，并作相应的情况记录。对于农业部（农牧发〔2002〕1 号）规定禁止使用的药物，应在出栏猪群的饲料、饮水和尿液中进行严格的化验检测，禁止不合格的猪群进入安全猪肉生产线，避免因违规用药导致兽药残留而影响猪肉的安全。

7. 严格执法、检疫与监测

为了保证猪肉的安全，各基地县畜牧管理及执法部门必须严格执法。依法规范饲料、饲料添加剂与兽药市场，依据国务院《饲料和饲料添加制管理条例》《兽药管理条例》和近年来国家及有关部门对畜产品安全的有关规定，强化对饲料、饲料添加剂、兽药的流通管理，对其生产厂家和经营者实行严格的市场准入审批制度，并经常进行监督检查，公布产品质量。此外，加强猪肉的兽医卫生检疫工作；抓好生猪原产地的检疫工作；做好屠宰场的监督、检疫工作；搞好市场监督，堵住市场漏洞；搞好肉品加工、销售摊点的兽医卫生监督工作，以免其销售不安全的猪肉。建立健全完善的兽药残留、饲料及添加剂的违禁药物、肉品屠宰上市的检验监督体系，配备专用检验设施、专业技术人员和熟练的化验人员，按照相关规定加强对生产与屠宰加工过程的肉品进行药物、重金属元素、农药等的检测与卫生检疫，从而确保猪肉的安全品质。

8. 注意屠宰、运输和销售环节卫生

猪的屠宰、肉品运输与销售环节，也是造成猪肉污染而不可忽视的一环，中心是搞好卫生，重点是实施严格的环境消毒措施与肉品卫生检验，整个过程严格按照相关规定进行，防止有害生物与化学物质的污染。在环境、运输器具、用具消毒过程中，严禁使用酚类、甲醛以及对人体有害的消毒剂，规定使用过氧乙酸和有效氯（强力消毒灵、漂白粉等）等消毒剂。

9. 继续加强市场监管力度，保障生猪定点屠宰专项整治工作成果，使市场净化安然有序

生猪定点屠宰管理工作的重点是抓住市场这个环节，只有市场监管到位，才能保证人民群众的肉品消费安全放心。

（二）加强检疫，保证安全产出

随着猪肉集约化、产业化的发展，动物检疫工作是猪肉安全生产的重中之重，是确保猪肉安全产出的重要保障。目前，检疫制度还不是很完善，致使健康猪走明道，病死猪走暗道，没有从根本上将病死猪控制在原产地，病原微生物得不到控制，病死猪肉流向市场，使猪肉安全生产得不到保障，最终危及广大消费者。

猪肉生产过程中，动物卫生和猪肉的质量都要经过认真的检疫检验，以生产健康优质的猪肉，保护消费者利益为目的，使猪肉生产走上健康的轨道。针对目前存在的问题，首先要建立严格的检疫体系，使猪肉检疫制度不断完善，做到有畜必检，有售必检，不漏检一只一头。其次，切实抓好定点屠宰，集中检疫，这是提高屠宰加工质量，加强检疫检验，推行猪肉国家标准的基础和保证。最后，要提高检疫人员的职业素质和工作责任心，检疫人员在工作中要尽职尽责，对疫情及时上报，正确处理，做到无漏检无误检，同时要加大执法力度，不给不法商户以可乘之机。给猪肉安全生产创造一个良好的环境，给广大消费者提供真正安全可靠的无公害绿色猪肉奠定基础。

不同部门各司其职，从生猪的养殖、屠宰、流通等各个环节入手，加大对瘦肉精等违禁药品及滥用兽药行为的查处力度，严格监督生猪屠宰企业执行入

场检查验收、宰前静养观察、肉品品质检验、无害化处理、肉品冷藏吊挂运输等制度，并严厉打击销售私宰肉、无检验检疫及肉品品质检验合格证章猪肉的行为，肃清各个环节可能产生的不安全因素，保障肉食品质量合格。

（三）小结

（1）安全猪肉生产是一个系统工程，涉及生产的全过程：如饲料、饲料添加剂、饮水、药品的使用与管理、疾病控制、环境质量控制、生猪屠宰加工过程控制、猪肉食品的安全性监控等诸多环节。只有按照国家法规、政策及出口贸易的要求制定高标准的技术管理措施并严格实行，安全猪肉生产才有保障，任何一个环节出现问题，势必影响猪肉的安全卫生。

（2）源头管理是控制猪肉食品安全的最关键措施，建立无规定疫病区，同时建立规范的规模化生猪养殖基地。加强猪场日常管理，建立生猪健康档案，做好猪只的免疫及全进全出生产管理工作，并按时进行猪舍环境消毒，提高猪群的健康水平，减少猪只疾病发生。实行严格的药物使用与管理制度，猪场使用优质的饲料原料，禁用霉变及污染饲料，在饲料中不使用违禁药物、高铜、高铁、高锌、镇静剂等，育肥猪禁止使用抗生素，严格执行休药期以及加强执法监督检查等措施，是安全猪肉生产的重要保证。

（3）生产"安全猪肉"的技术措施，是一项系统的综合性措施。它除了涉及疫病防治和兽药的使用与管理外，还涉及环境与饮水质量控制、规范饲料兽药工业、发展"绿色饲料"与安全兽药、建立"安全猪肉"生产示范基地、饲料与药物使用管理、屠宰加工过程管理、猪肉的卫生检疫以及加强养猪业污染的治理等诸多因素，需要国家政策、各级政府、饲料兽药企业、养猪场（农户）、猪肉加工企业、监督检验与兽医卫生检疫以及环保等相关部门的相互配合与支持，并且严格按照相关的法律法规来实施才能完成。

知识点二　养猪场粪污处理技术

（一）干湿分离处理技术

干湿分离机（又名猪粪脱水机、猪粪处理机、猪粪固液分离机）是规模化养猪场必备的高效猪粪脱水设备，可广泛用于畜禽粪便（猪粪、鸡粪、鸭粪、兔粪、牛粪等等动物粪便）的脱水处理。

1. 主要构造

滤网、螺旋绞龙、螺旋叶片。

2. 工作原理

猪粪处理分离机通过无堵浆液泵将粪水抽送至主机，经过挤压螺旋绞龙将粪水推之主机前方，物料中的水分在边压带滤的作用下挤出网筛，流出排水管，分离机连续不断地将粪水推至主机前方，主机前方压力不断增大，当大到一定程度时，就将卸料口顶开，挤出挤压口，达到挤压出料的目的，通过主机下方的配重块，可根据不同需求调节工作效率和含水率。如果抽入猪粪水过多，会经溢液管排到原猪粪水池，经螺旋挤压过滤分离出的猪粪废水可直接排送至沼气池发酵沼气或排送至废水沉淀池等；固体干猪粪由出料口挤出。经固液分离后，猪粪水中的化学需氧量（COD）、生物需氧量（BOD）大幅降低，便于后续的达标排放。分离出的猪粪水可以直接排放到沼气池进行沼气的发酵，发酵后的猪粪渣液是非常好的有机肥液，也可以排放到曝气池进行曝气环保处理。

3. 主要特点

自动化水平高、操作简单、易维修、日处理量大、动力消耗低、适合连续作业。设备重量半吨左右且外形尺寸较小，能大幅度提高猪粪脱水处理的效率。

4. 实用性

渣液分离速度快，经分离后的粪渣含水量在45%~65%，出渣量及含水量可调整，可适用不同成分的饲料（如草及精饲料），便于运输，脱水后的猪粪很适合作为鱼饲料和有机肥的原料等。

5. 猪粪经干湿分离脱水处理后的用途及作用

（1）经干湿分离后的干猪粪近乎无臭味，黏性小可做基肥、追肥使用，其肥效长，肥性稳定，补充土壤中的氮磷钾及微量元素，丰富土壤的有机质，克服常施化肥使土壤盐碱板结的缺点，起到改良土壤的作用。经实践证明，在同等生长条件下，较其他肥料肥效更好。

（2）经过干湿分离后的固体粪便利于运输，可以高价格出售。

（3）经过干湿分离后的液体粪便直接排入沼气池，沼气池不会被堵塞，延长沼气池的使用寿命，产生的沼气可供厂区供暖及生活燃料使用。

（4）经过干湿分离后的粪便拌入草糠充分搅拌，加入菌种发酵，造粒可制成复合有机肥。

（5）经过干湿分离后的粪便可用于养殖蚯蚓、种植蘑菇、喂鱼等，可为养殖场增加一定经济效益。

（6）经过干湿分离后的粪便养分浓度高，容易分解，吸收快，持续时间长。

（7）经过干湿分离后的粪便属热性肥料，促进作物根系发达，增强作物光合作用，增加了作物的甜度、靓度，增产增收。

（二）粪便堆肥处理技术

1. 堆肥的含义

堆肥就是在人工控制下，在一定的温度、湿度、碳氮比和通风条件下，利用自然界广泛分布的细菌、放线菌、真菌等微生物的发酵作用，人为地促进可生物降解的有机物向稳定的腐殖质生化转化的微生物学过程，即人们常说的有机肥腐熟过程。

2. 堆肥的分类

堆肥方法通常有三种方法：第一种是，按是否需要氧气划分，有好氧堆肥（有氧状态）和厌氧堆肥（无氧状态）；第二种是，按堆肥温度分，有高温堆肥和中温堆肥；第三种是，按机械化水平分，有露天自然堆肥和机械化堆肥。

习惯上人们都按好氧堆肥和厌氧堆肥区分。现代化堆肥工艺基本都是好氧堆肥，这是因为好氧堆肥具有温度高（一般在 55~60℃，极限可达 80~90℃，所以好氧堆肥也称为高温堆肥）、基质分解比较彻底、堆制周期短、异味小、可以大规模采用机械处理等优点。厌氧堆肥是利用厌氧微生物完成分解反应，空气与堆肥相隔绝，温度低，工艺比较简单，产品中氮保存量比较多，但堆制周期太长、异味浓烈、产品中含有分解不充分的杂质。

（1）好氧堆肥

①原理：好氧堆肥是在有氧条件下，利用好氧微生物的作用来进行的。在堆肥过程中，畜禽粪便中的可溶性物质通过微生物的细胞膜被微生物直接吸收；而不溶的胶体有机物质，先被吸附在微生物体外，依靠微生物分泌的胞外酶分解为可溶性物质，再渗入细胞。整个过程大致可分为三个阶段。

中温阶段：中温阶段也称产热阶段，是指堆肥过程的初期，堆层基本呈 15~45℃的中温，嗜温性微生物较为活跃并利用堆肥中可溶性有机物进行旺盛的生命活动。这些嗜温性微生物包括真菌、细菌和放线菌，主要以糖类和淀粉类为基质。

高温阶段：当堆温升至 45℃以上时即进入高温阶段，在这一阶段，嗜温微生物受到抑制甚至死亡，取而代之的是嗜热微生物。堆肥中残留的和新形成的可溶性有机物质继续被氧化分解，堆肥中复杂的有机物如半纤维素、纤维素和蛋白质也开始被强烈分解。

降温阶段：在发酵后期，只剩下部分较难分解的有机物和新形成的腐殖质。此时微生物的活性下降，发热量减少，温度下降，嗜温性微生物又占优势，对残余较难分解的有机物做进一步分解，腐殖质不断增多且稳定化，堆肥进入腐熟阶段，需氧量大大减少，含水率也降低，堆肥孔隙度增大，氧扩散能力增强，此时只需自然通风。

②堆肥施用影响研究：堆肥施用影响研究主要集中在对土壤理化性质改变、重金属含量、作物产量及硝态氮存在形态变化上。猪粪堆肥会向土壤提供较多的 Mg^{2+} 和 Ca^{2+}，使黏土结构趋于松散；降低作物对重金属的吸收；提高作物产量和促进作物早熟。但是，当堆肥过量施入后会因为堆肥中微生物的氧化作用，致使土壤中的有机碳过度矿化。

③今后的研究方向：我国是养猪业大国，每年的猪粪产量相当可观，因此猪粪的好氧堆肥也具有广泛的应用前景。综合上述的研究成果，未来此方向的研究重点应在如下几方面：

在猪粪好氧堆肥处理过程中如何充分利用生物链（如蝇幼虫、蚯蚓等），以提高腐殖质的含量；

有效控制堆肥过程中的臭气，开发快速、高效、安全、无臭的堆肥技术；

工业化应用中工艺条件的优化、菌剂的开发和研制；堆肥施入土壤后对土壤中氮、磷、钾等元素的影响；

猪粪堆肥作为土壤修复剂的机理；

根据不同作物及不同土壤条件，开发专用堆肥产品等。

（2）厌氧堆肥

①原理：厌氧堆肥是在缺氧条件下利用厌氧微生物进行的腐败发酵分解，其最终产物除了二氧化碳和水外，还有氨、硫化氢、甲烷和其他有机酸等物质，其中氨、硫化氢等物质有异臭气味，而且厌氧堆肥需要的时间也很长，完全腐熟往往需要几个月的时间。传统的农家肥就是厌氧堆肥。整个厌氧堆肥过程主要分为两个阶段：

第一阶段是产酸阶段。产酸菌将大分子有机物降解为小分子的有机酸和乙酸、丙醇等物质。

第二阶段为产甲烷阶段。甲烷菌把有机酸继续分解为甲烷气体。

厌氧过程没有氧参加，酸化过程产生的能量较少，许多能量保留在有机酸分子中，在甲烷细菌作用下以甲烷气体的形式释放出来。厌氧堆肥的特点是反应步骤多，速度慢，时间长。

②今后的研究方向：由于猪场周围通常都会伴随有大面积的农田，而其中种植的蔬菜和水稻产生的废气蔬菜和稻秆等也是一个被忽视但可以利用的生物资源。

随着蔬菜产业的日益发展，在生产过程中产生的大量蔬菜废弃物成为一个急需解决的问题。现阶段，我国蔬菜废弃物主要是弃置或焚烧，造成严重的环境污染，而且是巨大的资源浪费。堆肥作为传统的废物资源化技术，国内外许多学者进行了大量的研究。蔬菜废弃物由于含有较高的水分，在堆肥过程中易造成孔隙度的减少；单纯以蔬菜废弃物堆肥，其中养分含量不足以提供植物生长所需。因此，可以将禽畜粪便和蔬菜废弃物添加一定量的粉碎秸秆，堆肥过程采用厌氧发酵，并接种微生物菌剂，研究不同原料配比堆肥的效果，从而筛选堆肥效果更好的配比。

除此之外，还可以结合某些猪场自身种植的能源草和狐尾藻等能源植物，将其按照一定的比例与猪场粪便配比进行厌氧发酵，一来能提高产气效率，二来也可以减轻能源草和狐尾藻等植物带来的后续处理问题。

项目思考

1. 生长育肥猪饲养管理要点有哪些？
2. 如何对猪肉品质进行评价？

附　　录

附录一　NY/T 1568—2007《标准化规模养猪场建设规范》

1　范围

本标准规定了标准化规模养猪场的专业术语、建设规模与项目构成、场址与建设条件工艺与设备、规划布局猪场建筑、配套工程、粪污无害化处理、防疫设施和主要技术经济指标。

本标准适用于自繁自养模式，年出栏 300～5000 头商品猪的标准化规模养猪场养猪小区和专业户。

2　规范性引用文件

下列文件中的条款通过本标准的引用而成为本标准的条款。凡是注日期的引用文件其随后所有的修改单（不包括勘误的内容）或修订版均不适用于本标准，然而鼓励根据本标准达成协议的各方研究是否可使用这些文件的最新版本。凡是不注日期的引用文件，其最新版本适用于本标准。

GB 16548　病害动物和病害动物产品生物安全处理规程

GB/T 17824.1　中、小型集约化养猪场建设

GB/T 17824.2　中、小型集约化养猪场经济技术指标

GB/T 17824.3　中、小型集约化养猪设备

GB/T 17824.4　中、小型集约化养猪环境参数与环境管理

GB 18596　畜禽养殖业污染物排放标准

GB/T 19626.1　畜禽环境术语

GB 50011　建筑抗震设计规范

NYJ/T 04　集约化养猪场建设标准

NY/T 667　沼气工程规模分类行业标准

NY/T 1222　规模化畜禽养殖场沼气工程设计规范

NY 5027　无公害食品畜禽饮用水水质

3　术语和定义

GB/T 19626.1 确立的以及下列术语和定义适用于本标准。

3.1

标准化规模养猪场　standardized intensive pig farm

具有一定规模，采用标准化饲养，实现安全、高效、生态、连续均衡生产的养猪场。

3.2

全进全出　all-in and all-out system

将同一生长发育或繁殖阶段的猪群同时转人或转出同一生产单元的饲养模式。

3.3

阶段饲养　phase feeding

按生理和生长发育特点，将生产周期划分为不同日龄或几个生产阶段，实行不同的饲养管理方式。

3.4

无害化处理　harmless treatment

用物理、化学或生物学等方法，处理动物粪污、尸体或其他物品，达到消灭传染源，切断传播途径，阻止病原扩散的目的。

3.5

净道　non-pollution road

猪群周转、饲养员行走、场内运送饲料出人的专用道路。

3.6

污道　pollution road

粪污等废弃物运送的道路。

4　建设规模与项目构成

4.1　标准化规模养猪场的建设规模，以出栏商品猪头数表示，建设规模按表 1 确定。自繁自养的规模化养猪场，基础母猪头数应参考表 1 规定。

表 1　不同规模养猪场种母猪头数指标

建设规模，头/年	300~500	501~1000	1001~2000	2001~3000	3001~5000
基础母猪，头	18~30	30~60	60~120	120~180	180~300

4.2　标准化规模养猪场建设项目包括生产、公用配套、管理、生活、防疫和粪污无害化处理等设施，内容见表 2，具体工程可根据工艺设计和饲养规

模实际需要增删。

表2 养猪场建设项目构成

建设项目	生产设施	公用配套设施及管理和生活设施	防疫设施	粪污无害化处理设施
建设内容	空怀配种猪舍、妊娠猪舍、分娩哺乳舍、保育猪舍、生长猪舍、育肥猪舍、装（卸）猪台	围墙、大门、场区道路、变配电、发电机房．锅炉房、水泵房、蓄水构筑物、饲料库、物料库、车库、修理间、办公用房、食堂、宿舍、门卫值班室、场区厕所等	淋浴消毒室、兽医化验室、病死猪无害化处理设施、病猪隔离舍	粪污贮存及无害化处理设施等

5 场址与建设条件

5.1 场址选择应符合国家相关法律法规、当地土地利用发展规划和村镇建设发展规划。

5.2 场址周围应具备就地无害化处理粪污的足够场地和排污条件。

5.3 场址应水源充足、排水畅通、供电可靠、交通便利。

5.4 场址选择应满足建设工程需要的水文地质和工程地质条件。

5.5 场址距居民点、其他畜牧场、畜产品加工厂、主要公路、铁路的距离应符合表3的规定。

表3 养猪场场址距离

建设规模，头/年	场址距离要求
3001~5000	应符合 NYJ/T 04 的规定
1001~3000	距居民点的间距应在 1000m 以上； 距其他畜牧场、畜产品加工厂间距大于 1500m； 距主要公路、铁路距离应在 500m 以上
300~1000	距其他畜牧场、畜产品加工厂、主要公路、铁路的距离应在 500m 以上； 与居住区保持相应的距离

5.6 场址位置应选在居民点常年主导风向的下风向处。

5.7 以下地段或地区严禁建场：

——规定的自然保护区、水源保护区、风景旅游区；

——受洪水或山洪威胁及泥石流、滑坡等自然灾害多发地带；

——自然环境污染严重的地区。

6　工艺与设备

6.1　规模养猪场宜采用阶段饲养和全进全出工艺。

6.2　养猪场主要设备，包括猪栏、喂料、饮水、采暖通风及降温、清洗消毒、兽医防疫、饲料加工等设备，设备基本参数应符合 GB/T 17824.3 的规定。

7　规划布局

7.1　养猪场总体布局应分为管理区、生产区和隔离区。

7.2　管理区一般应位于场区全年主导风向的上风向或侧风向处。

7.3　养猪场的供水、供电、供暖等设施应靠近生产区的负荷中心布置。

7.4　生产区与其他区之间应用围墙或绿化隔离带分开。生产区入口应设置人员更衣消毒室和车辆消毒设施。猪舍朝向和间距应符合 GB/T 17824.1 规定。

7.5　生产区靠近生长、育肥猪舍附近设有装猪台，其入口与猪舍相通，出口与生产区外相通。

7.6　饲料库布置在生产区入口处，分设对外接收饲料和对内取料的出入口，场外饲料车不应进入生产区内卸料。

7.7　隔离区主要布置兽医室、隔离舍和无害化处理设施，应处于场区全年主导风向的下风向处和场区地势最低处，用围墙或林带与生产区隔离。隔离区与生产区有专用道路相通，与场外有专用大门相通。

7.8　场区地形复杂或坡度较大时，应作阶梯式布置，道路坡度满足行车要求。

7.9　场区绿化宜选择适合当地生长、对人畜无害的花草树木，绿化覆盖率不低于 30%。

8　猪场建筑

8.1　标准化规模养猪场的各类建筑应根据建设地区的气候条件、建筑物的用途及建筑场地条件，按照有利生产、经济合理、安全适用、因地制宜、就地取材和方便施工的原则，确定建设方案。

8.2　猪舍建筑形式可选择开敞式或有窗式。分娩及保育猪舍宜采用小单元设计，便于猪群全进全出。

8.3　对有抗震要求的地区，除猪舍抗震构造可按当地设防裂度降低一度考虑外，其他应按照 GB 50011 的规定执行。

8.4　猪舍内净高宜为 2.4~2.8m，舍内猪栏布局宜采用单列或双列，猪舍内地面标高应高于舍外 0.2~0.3m，并与场区道路标高相协调。

8.5　猪舍地面应硬化，要求防滑耐腐蚀、便于清扫，坡度控制在 1%~3%。

8.6　猪舍屋面设计执行 GB/T 17824.1 规定。

8.7 猪舍墙体要求结构简单、保温隔热、内墙面应平整光滑便于清洗消毒。

8.8 各类猪群的饲养密度应符合表 4 的规定。

表4 各类猪群饲养密度

猪群类别		每栏建议饲养头数	每头占猪栏面积，m²
种公猪		1	8.0~12.0
空怀、妊娠母猪	限位栏	1	1.3~1.5
	群饲	4~5	1.8~2.5
后备母猪		4~6	1.5~2.0
泌乳母猪		1	3.8~4.2
保育猪		8~12	0.3~0.4
生长猪		8~10	0.6~0.9
育肥猪		8~10	0.8~1.2

8.9 猪舍结构宜采用轻钢结构或砖混结构。

8.10 养猪场建筑执行下列防火等级：

——生产建筑辅助生产、公用配套及生活管理建筑：三级。

——变配电室：二级。

9 配套工程

9.1 给水、排水

9.1.1 养猪场用水水质应符合 NY 5027 的规定。

9.1.2 排水应采用雨污分流制，污水应采用暗管排入污水处理设施。

9.1.3 管理区建筑的给水、排水按工业与民用建筑有关规定执行。

9.2 供暖、通风

9.2.1 猪舍应因地制宜设置夏季降温和冬季供暖设施，温度、湿度、通风量、空气卫生要求参照 GB/T 17824.4 的相关规定。

9.2.2 分娩哺乳舍和保育猪舍应有局部采暖措施。

9.2.3 猪舍宜采用自然通风，必要时辅以机械通风。

9.3 供电

9.3.1 出栏 3000 头以上养猪场可设变配电室，也可根据当地供电情况设置自备电源。

9.3.2 猪舍照明光源宜采用节能灯。猪舍自然光照或人工照明应符合 GB/T 17824.4 的规定。

9.4 道路

9.4.1 养猪场与外界应有专用道路相连，场内道路分净道和污道，两者应避免交叉与混用。

9.4.2 养猪场主要干道宽度宜为 3.0～4.0m，一般道路宽度宜为 2.5～3.0m，道路路面应硬化。

10 粪污无害化处理

10.1 养猪场的粪污处理设施应与其他设施同步建设，其处理能力、有机负荷和处理效率应与建设规模相匹配。

10.2 养猪场污水和粪便应进行无害化处理，处理后应符合 GB 18596 的规定。

10.3 猪场粪污无害化处理工艺应根据养殖规模清粪方式和当地自然地理条件，选择达标排放技术模式或综合利用技术模式。经济发达、土地紧张没有足够面积农田消纳粪污的地区宜采用达标排放技术模式；具备可利用粪污的地区宜采用综合利用技术模式。

10.4 养猪场宜采用沼气工程对粪污进行无害化处理，其无害化处理设施应根据养猪场粪污排放量确定其建设规模，其分类条件应符合 NY/T 667 的规定；粪污无害化处理设施设计和建设应符合 NY/T 1222 的规定。

11 防疫设施

11.1 标准化规模养猪场应健全整体防疫体系，各项防疫措施应完整配套、简洁、实用。

11.2 猪场四周应建围墙，并有绿化隔离带。

11.3 病死猪尸体的处理与处置应符合 GB 16548 的规定。

11.4 养猪场防疫消毒设备的配置应符合 GB/T 17824.3 的规定。

11.5 养猪场分期建设时，各期工程应形成独立的生产区域，各区间设置隔离沟、障及有效的防疫措施。

12 主要技术经济指标

12.1 标准化养猪场根据建设规模，其建设总投资和分项工程建设投资应参照表5规定的范围。

表 5 养猪场建设投资控制额度表　　　　单位：万元

建设规模，头		300～500	501～1000	1001～2000	2001～3000	3001～5000
总投资指标（达标排放模式）		23～45	45～91	91～190	190～288	288～432
猪舍设施		16～33	33～72	72～159	159～246	246～350
公用配套设施及管理和生活设施		4～6	6～9	9～14	14～18	18～25
防疫设施		1～2	2～3	3～4	4～5	5～7
粪污无害化处理设施	达标排放模式	2～4	4～7	7～14	14～20	20～50
	综合利用模式	10～15	15～40	40～60	60～80	80～120

12.2　标准化养猪场劳动定员应符合表 6 的规定，条件较好，管理水平较高的地区，应尽量减少劳动定额。生产人员应进行上岗培训。

表 6　养猪场劳动定额

建设规模，头/年	300~500	501~1000	1001~2000	2001~3000	3001~5000
劳动定员，人	2~3	4~6	6~9	9~10	10~15
劳动生产率，头（人·年）	150~165	165~200	165~220	220~300	300~330

12.3　标准化养猪场占地面积及建筑面积指标应符合表 7 的规定。

表 7　养猪场占地面积及建筑面积指标

建设规模，头/年	300~500	501~1000	1001~2000	2001~3000	3001~5000
占地面积，m²	1050~2200	2200~3740	3740~7620	7620~11500	11500~18000
总建筑面积，m²	320~670	670~1100	1100~2350	2350~3520	3520~4770
生产建筑面积，m²	260~580	580~980	980~2150	2150~3250	3250~4000
其他建筑面积，m²	60~90	90~120	120~200	200~270	270~770

12.4　标准化养猪场生产消耗指标应符合表 8 的规定。

项目名称	单位	消耗指标
用水量	每头母猪年需要量，m³	70~100
用电量	每头母猪年需要量，kW·h	100~120
用料量	每头母猪年需要量，t	5.0~5.5

附录二 GB/T 17824.1—2008《规模猪场建设》

1 范围

GB/T 17824 的本部分规定了规模猪场的饲养工艺、建设面积、场址选择、猪场布局、建设要求、水电供应以及设施设备等技术要求。

本部分适用于规模猪场的新建、改建和扩建，其他类型猪场建设亦可参照执行。

2 规范性引用文件

下列文件中的条款通过 GB/T 17824 的本部分的引用而成为本部分的条款，凡是注日期的引用文件，其随后所有的修改单（不包括勘误的内容）或修订版本均不适用于本部分，然而，鼓励根据本部分达成协议的各方研究是否可使用这些文件的最新版本。凡是不注日期的引用文件，其最新版本适用于本部分。

GB/T 701　低碳钢热轧圆盘条

GB/T 704　热轧扁钢尺寸、外形、重量及允许偏差

GB/T 708　冷轧钢板和钢带的尺寸、外形、重量及允许偏差

GB/T 912　碳素结构钢和低合金结构钢热轧薄钢板及钢带

GB/T 1800.1　极限与配合　基础　第 1 部分：词汇

GB/T 1800.2　极限与配合　基础　第 2 部分：公差、偏差和配合的基本规定

GB/T 1800.3　极限与配合　基础　第 3 部分：标准公差和基本偏差数值表

GB/T 1801　极限与配合　公差带和配合的选择

GB/T 1803　极限与配合　尺寸至 18mm 孔、轴公差带

GB/T 1804　一般公差　未注公差的线性和角度尺寸的公差

GB/T 3091　低压流体输送用焊接钢管

GB/T 5574　工业用橡胶板

GB 5749　生活饮用水卫生标准

GB 9787　热轧等边角钢　尺寸、外形、重量及允许偏差

GB 18596　畜禽养殖业污染物排放标准

GB 50016　建筑设计防火规范

GBJ 39　村镇建筑设计防火规范

3 术语和定义

下列术语和定义适用于 GB/T 17824 的本部分。

3.1

规模猪场　intensive pig farms

采用现代养猪技术与设施设备，实行自繁自养、全年均衡生产工艺，存栏基础母猪 100 头以上的养猪场。

3.2

基础母猪　foundation sow

已经产出第一胎、处于正常繁殖周期的母猪。

3.3

净道　non-pollution road

场区内用于健康猪群和饲料等洁净物品转运的专用道路。

3.4

污道　pollution road

场区内用于垃圾、粪便、病死猪等非洁净物品转运的专用道路。

4　饲养工艺

4.1　猪群周转流程

猪群周转采用全进全出制；种猪每年的淘汰更新率 25%～35%；后备公猪和后备母猪的饲养期 16 周～17 周，母猪配种妊娠期 17 周～18 周，母猪分娩前 1 周转入哺乳母猪舍，仔猪哺乳期 4 周，断奶后，母猪转入空怀妊娠母猪舍，仔猪转入保育舍，保育猪饲养期 6 周，然后转入生长育肥猪舍，生长育肥猪饲养 14 周～15 周体重达到 90kg 以上时出栏。

4.2　猪群结构

在均衡生产的情况下，规模猪场的猪群结构见表 1，每一阶段的数量偏差应小于±10%。

表 1　猪群存栏结构　　　　　　　　单位：头

猪群类别	100 头基础母猪规模	300 头基础母猪规模	600 头基础母猪规模
成年种公猪	4	12	24
后备公猪	1	2	4
后备母猪	12	36	72
空怀妊娠母猪	84	252	504
哺乳母猪	16	48	96
哺乳仔猪	160	480	960
保育猪	228	684	1368
生长育肥猪	559	1676	3352
合计	1064	3190	6380

4.3 舍内配置

4.3.1 猪舍可根据需要分成几个相对独立的单元，便于猪群全进全出制周转。

4.3.2 猪舍内配置的猪栏数、饮水器和食槽数宜按表2执行。

表2 不同猪舍配置的猪栏数 单位：个

猪舍类别	100头基础母猪规模	300头基础母猪规模	600头基础母猪规模
种公猪舍	4	12	24
后备公猪舍	1	2	4
后备母猪舍	2	6	12
空怀妊娠母猪舍	21	63	126
哺乳母猪舍	24	72	144
保育猪舍	28	84	168
生长育肥猪舍	64	192	384
合计	144	431	862

注：哺乳母猪舍每个猪栏内安装母猪、仔猪自动饮水器各一个，食槽各一个；其他猪舍每个猪栏内安装一个自动饮水器和一个食槽。

4.3.3 每个猪栏的饲养密度宜按表3执行。

表3 猪只饲养密度

猪群类别	每栏饲养猪头数	每头占床面积/（m²/头）
种公猪	1	9.0~12.0
后备公猪	1~2	4.0~5.0
后备母猪	5~6	1.0~1.5
空怀妊娠母猪	4~5	2.5~3.0
哺乳母猪	1	4.2~5.0
保育仔猪	9~11	0.3~0.5
生长育肥猪	9~10	0.8~1.2

5 建设面积

5.1 总占地面积

不同猪场的建设用地面积不宜低于表4的数据。

表 4　猪场建设占地面积　　　　单位：平方米（亩）

占地面积	100 头基础母猪规模	300 头基础母猪规模	600 头基础母猪规模
建设用地面积	5633（8）	13333（20）	26667（40）

5.2　猪舍建筑面积

种公猪舍、后备公猪舍、后备母猪舍、空怀妊娠母猪舍、哺乳母猪舍、保育猪舍和生长育肥猪舍的建筑面积宜按表 5 执行。

表 5　各猪舍的建筑面积　　　　单位：平方米

猪舍类型	100 头基础母猪规模	300 头基础母猪规模	600 头基础母猪规模
种公猪舍	64	192	384
后备公猪舍	12	24	48
后备母猪舍	24	72	144
空怀妊娠母猪舍	420	1260	2520
哺乳母猪舍	226	679	1358
保育猪舍	160	480	960
生长育肥猪舍	768	2304	4608
合计	1674	5011	10022

注：该数据以猪舍建筑跨度 8.0m 为例。

5.3　辅助建筑面积

饲料加工车间、人工授精室、兽医诊疗室、水塔、水泵房、锅炉房、维修间、消毒室、更衣间、办公室、食堂和宿舍等辅助建筑面积不宜低于表 6 的数据。

表 6　辅助建筑面积　　　　单位：平方米

猪场辅助建筑	100 头基础母猪规模	300 头基础母猪规模	600 头基础母猪规模
更衣、淋浴、消毒室	40	80	120
兽医诊疗、化验室	30	60	100
饲料加工、检验与贮存	200	400	600
人工授精室	30	70	100
变配电室	20	30	45
办公室	30	60	90
其他建筑	100	300	500
合计	450	1000	1555

注：其他建筑包括值班室、食堂、宿舍、水泵房、维修间和锅炉房等。

6 场址选择

6.1 场址应位于法律、法规明确规定的禁养区以外，地势高燥，通风良好，交通便利，水电供应稳定，隔离条件良好。

6.2 场址周围3km内无大型化工厂、矿区、皮革加工厂、屠宰场、肉品加工厂和其他畜牧场，场址距离干线公路、城镇、居民区和公众聚会场所1km以上。

6.3 禁止在旅游区、自然保护区、水源保护区和环境公害污染严重的地区建场。

6.4 场址应位于居民区常年主导风向的下风向或侧风向。

7 猪场布局

7.1 猪场在总体布局上应将生产区与生活管理区分开，健康猪与病猪分开，净道与污道分开。

7.2 按夏季主导风向，生活管理区应置于生产区和饲料加工区的上风向或侧风向，隔离观察区、粪污处理区和病死猪处理区应置于生产区的下风向或侧风向，各区之间用隔离带隔开，并设置专用通道和消毒设施，保障生物安全。

7.3 猪场四周设围墙，大门口设置值班室、更衣消毒室和车辆消毒通道；生产人员进出生产区要走专用通道，该通道由更衣间、淋浴间和消毒间组成；装猪台应设在猪场的下风向处。

7.4 猪舍朝向应兼顾通风与采光，猪舍纵向轴线与常年主导风向呈30°角~60°角。

7.5 两排猪舍前后间距应大于8m，左右间距应大于5m。由上风向到下风向各类猪舍的顺序为：公猪舍、空怀妊娠母猪舍、哺乳猪舍、保育猪舍、生长育肥猪舍。

8 建设要求

8.1 猪舍建筑宜选用有窗式或开敞式，檐高2.4~2.7m。

8.2 猪舍内主通道的宽度应不低于1.0m。

8.3 猪舍围护结构能防止雨雪侵入，能保温隔热，能避免内表面凝结水气。

8.4 猪舍内墙表面应耐消毒液的酸碱腐蚀。

8.5 猪舍屋顶应设隔热保温层，猪舍屋顶的传热系数k应不大于0.23W/$(m^2 \cdot K)$。

8.6 猪场建筑的耐火等级按照GB 50016和GBJ 39的要求设计。

9 水电供应

9.1 规模猪场供水宜采用自来水供水系统，根据猪场需水总量和GB 5749

选定水源、储水设施和管路，供水压力应达到 $1.5\sim2.0\mathrm{kg/cm^2}$。

9.2　采用干清粪生产工艺的规模猪场，供水总量应不低于表 7 的数值。

表 7　规模猪场供水量　　　　　　单位：吨每日

供水量	100 头基础母猪规模	300 头基础母猪规模	600 头基础母猪规模
猪场供水总量	20	60	120
猪群饮水总量	5	15	30

注：炎热和干燥地区的供水量可增加 25%。

10　设施设备

10.1　材质与性能要求

10.1.1　猪场设备的材料应符合 GB/T 701、GB/T 704、GB/T 708、GB/T 912、GB/T 3091、GB 9787 的要求。

10.1.2　猪场设备所有加工零件的尺寸公差应符合 GB/T 1800.1、GB/T 1800.2、GB/T 1800.3、GB/T 1801、GB/T 1803 的要求；未注尺寸公差应符合 GB/T 1804 的要求。

10.1.3　猪场设备的所有铸件表面应光滑，不允许有气孔、夹砂、疏松等缺陷；所有焊合件要焊接牢固可靠，不得有虚焊、烧伤，焊缝应平整光滑；各种钣金件表面应光滑、平整，不得有起皱、裂纹、毛边；管道弯曲加工表面不得出现龟裂、皱折、起泡等，设备表面不能有任何伤害操作人员和猪只的显见粗糙点、凸起部位、锋利刃角和毛刺，表面应进行防腐处理，处理后不应产生毒性残留。

10.1.4　猪场设备的各项使用性能应符合工作可靠、操作方便、安全环保等要求。

10.1.5　猪场设备与地面、墙壁的连接要牢固、整洁；电器设备的安装要符合用电安全规定。

10.1.6　饲养设备中使用的塑料件应采用 PVC 无毒塑料，使用橡胶材料的材质应符合 GB/T 5574 的规定。

10.2　设备主要选型

10.2.1　猪栏

公猪栏、空怀妊娠母猪栏、分娩栏、保育猪栏和生长育肥猪栏均为栏栅式，其基本参数应符合表 8 的规定。

<table>
<tr><td colspan="5">表 8　猪栏基本参数　　　　　　　　　　单位：毫米</td></tr>
</table>

猪栏种类	栏高	栏长	栏宽	栅格间隙
公猪栏	1200	3000~4000	2700~3200	100
配种栏	1200	3000~4000	2700~3200	100
空怀妊娠母猪栏	1000	3000~3300	2900~3100	90
分娩栏	1000	2200~2250	600~650	310~340
保育猪栏	700	1900~2200	1700~1900	55
生长育肥猪栏	900	3000~3300	2900~3100	85

注：分娩母猪栏的栅格间隙指上下间距，其他猪栏为左右间距。

10.2.2　食槽

食槽应限制猪只采食过程中将饲料拱出槽外，自动落料食槽应保证猪只随时采食到饲料，其基本参数应符合表 9 的规定。

表 9　猪食槽基本参数　　　　　　　　　　单位：毫米

型式	适用猪群	高度	采食间隙	前缘高度
水泥定量饲喂食槽	公猪、妊娠母猪	350	300	250
铸铁半圆弧食槽	分娩母猪	500	310	250
长方体金属食槽	哺乳仔猪	100	100	70
长方形金属	保育猪	700	140~150	100~120
自动落料食槽	生长育肥猪	900	220~250	160~190

10.2.3　饮水器

猪场宜采用自动饮水器。饮水器长径应与地面平行，水流速度和安装高度应符合表 10 的规定。

表 10　自动饮水器的水流速度和安装高度

适用猪群	水流速度/（mL/min）	安装高度/mm
成年公猪、空怀妊娠母猪、哺乳母猪	2000~2500	600
哺乳仔猪	300~800	120
保育猪	800~1300	280
生长育肥猪	1300~2000	380

10.2.4　漏粪地板

哺乳母猪、哺乳仔猪和保育猪宜采用质地良好的金属丝编织地板，生长育肥猪和成年种猪宜采用水泥漏缝地板。干清粪猪舍的漏缝地板应覆盖于排水沟上方。漏缝地板间隙应符合表 11 的规定。

表 11　不同猪栏漏缝地板间隙宽度　　　　单位：毫米

成年种猪栏	分娩栏	保育猪栏	生长育肥猪栏
20~25	10	15	20~25

10.2.5　采暖、通风和降温设备

寒冷季节哺乳母猪舍和保育猪舍应设置供暖设施，哺乳仔猪采用电热板或红外线灯取暖；盛夏季节公猪舍宜采用湿帘机械通风方式降温，其他猪舍采用自然通风加机械通风方式降温。

10.2.6　清洁与消毒设备

水冲清洁设备宜选配高压清洗机、管路、水枪组成的可移动高压冲水系统；消毒设备宜选配手动背负式喷雾器、踏板式喷雾器和火焰消毒器。

10.2.7　粪污处理设施与设备

规模猪场宜采用干湿分离、人工清粪方式处理粪污，应配置专用的粪污处理设备，处理后粪污排放标准应符合 GB 18596 的要求。

10.2.8　运输设备

规模猪场应配备专用运输设备，包括仔猪转运车、饲料运输车和粪便运输车等。该类型运输设备宜根据猪场具体情况自行设计和定制。

10.2.9　监测仪器设备

规模猪场宜配备妊娠诊断、精液监测、称量、活体测膘等仪器设备，以及计算机和相关软件。

附录三 《生猪定点屠宰厂（场）病害猪无害化处理管理办法》

《生猪定点屠宰厂（场）病害猪无害化处理管理办法》已经 2008 年 5 月 7 日商务部第 6 次部务会议审议通过，并经财政部同意，现予公布，自 2008 年 8 月 1 日起施行。

第一章 总 则

第一条 为加强生猪定点屠宰厂（场）病害猪无害化处理监督管理，防止病害生猪产品流入市场，保证上市生猪产品质量安全，保障人民身体健康，根据《生猪屠宰管理条例》和国家有关法律、行政法规，制定本办法。

第二条 国家对生猪定点屠宰厂（场）病害生猪及生猪产品（以下简称病害猪）实行无害化处理制度，国家财政对病害猪损失和无害化处理费用予以补贴。

第三条 生猪定点屠宰厂（场）发现下列情况的，应当进行无害化处理：

（一）屠宰前确认为国家规定的病害活猪、病死或死因不明的生猪；

（二）屠宰过程中经检疫或肉品品质检验确认为不可食用的生猪产品；

（三）国家规定的其他应当进行无害化处理的生猪及生猪产品。

无害化处理的方法和要求，按照国家有关标准规定执行。

第四条 生猪定点屠宰厂（场）病害猪无害化处理的补贴对象和标准，按照财政部有关规定执行。

屠宰过程中经检疫或肉品品质检验确认为不可食用的生猪产品按 90kg 折算一头的标准折算成相应头数，享受病害猪损失补贴和无害化处理费用补贴。

第二章 职责和要求

第五条 商务部负责全国生猪定点屠宰厂（场）病害猪无害化处理的监督管理和指导协调工作；负责全国生猪定点屠宰厂（场）病害猪无害化处理监管系统中央监管平台的建立和维护工作。

省、自治区、直辖市、计划单列市及新疆生产建设兵团（以下简称省级）商务主管部门负责监督本行政区域内市、县商务主管部门生猪定点屠宰厂（场）病害猪无害化处理监督管理和信息报送工作；建立并维护本行政区域生猪定点屠宰厂（场）病害猪无害化处理监管系统监管平台；配合地方财政管理部门落实病害猪损失补贴和无害化处理费用补贴资金。

市、县商务主管部门负责监督生猪定点屠宰厂（场）无害化处理过程，核实本行政区域内生猪定点屠宰厂（场）病害猪数量；负责本行政区域内生猪定点屠宰厂（场）病害猪无害化处理信息统计工作；负责建立本行政区域内生猪定点屠宰厂（场）病害猪无害化处理监管系统。

第六条　财政部负责全国生猪定点屠宰厂（场）病害猪无害化处理财政补贴资金的监督管理和中央财政补贴资金的预拨、审核、清算工作。

省级财政部门负责会同同级商务主管部门核定本地区生猪定点屠宰厂（场）病害猪数量及所需财政补贴资金；编制本地区生猪定点屠宰厂（场）病害猪无害化处理财政补贴资金预算，向财政部提出中央财政补贴资金的申请。

县级以上地方财政部门负责根据同级商务主管部门审核确认的生猪定点屠宰厂（场）病害猪数量，安排应负担的补贴资金，并将补贴资金直接支付给病害猪货主或生猪定点屠宰厂（场）。

第七条　生猪定点屠宰厂（场）应当按照《生猪屠宰管理条例》和本办法的要求对病害猪进行无害化处理，并如实上报相关处理情况和信息。

生猪定点屠宰厂（场）应当按照《生猪屠宰管理条例》的要求，配备相应的生猪及生猪产品无害化处理设施，并按照国家相关标准要求建立无害化处理监控和信息报送系统。

第三章　工　作　程　序

第八条　送至生猪定点屠宰厂（场）屠宰的生猪，应当依法经动物卫生监督机构检疫合格，并附有检疫证明。

第九条　生猪在待宰期间和屠宰过程中，应当按照《动物防疫法》和《生猪屠宰管理条例》的规定实施检疫和肉品品质检验。发现符合本办法第三条规定情形的，按照本办法第十条、十一条规定的程序处理。

第十条　病害活猪、送至待宰圈后病死或死因不明的生猪进行无害化处理，应当加盖无害化处理印章，并按照以下程序进行：

（一）检疫人员或肉品品质检验人员按照《病害猪无害化处理记录表》的格式要求，填写货主名称、处理原因、处理头数、处理方式，并在记录表上签字确认。

（二）货主签字确认后，送至无害化处理车间由无害化处理人员按照规定程序进行处理。处理结束后，无害化处理人员应在记录表上签字确认。

（三）生猪定点屠宰厂（场）主要负责人在记录表上签字、盖章确认。

第十一条　经检疫或肉品品质检验确认为不可食用的生猪产品进行无害化处理，应当加盖无害化处理印章，并按照以下程序进行：

（一）由检疫人员或肉品品质检验人员按照《病害猪产品无害化处理记录表》的格式要求，填写货主名称、产品（部位）名称、处理原因、处理数量、处理方式，并在记录上签字。

（二）货主签字确认后送至无害化处理车间按照规定进行处理。处理结束后，无害化处理人员应在记录表上签字确认。

（三）生猪定点屠宰厂（场）主要负责人应在记录表上签字、盖章确认。

第十二条　送至生猪定点屠宰厂（场）时已死的生猪进行无害化处理，应当加盖无害化处理印章，并按照以下程序进行：

（一）检疫人员或肉品品质检验人员按照《待宰前死亡生猪无害化处理记录表》的格式要求，填写货主名称、处理原因、处理数量、处理方式，并在记录上签字。

（二）货主签字确认后，送至无害化处理车间由无害化处理人员按照规定程序进行处理。处理结束后，无害化处理人员应在记录表上签字确认。

（三）生猪定点屠宰厂（场）主要负责人应在记录表上签字、盖章确认。

第十三条　已建立无害化处理监控和信息报送系统的生猪定点屠宰厂（场），进行无害化处理之前，应通知当地商务主管部门，开启监控装置和摄录系统，记录无害化处理过程，并通过系统报送相关信息。未建立无害化处理监控和信息报送系统的生猪定点屠宰厂（场），进行无害化处理之前，应通知当地市、县商务主管部门派人现场监督无害化处理过程。

第十四条　市、县商务主管部门现场监督无害化处理过程时，应当在记录表上签字确认；通过系统报送无害化处理信息和处理过程时，应按照系统要求在系统中记录监控过程，并存档备查。

第十五条　每月 5 日前，生猪定点屠宰厂（场）应按照《病害猪无害化处理统计月报表》的要求，填写上月病害猪无害化处理头数、病害猪产品无害化处理数量及折合头数以及病害猪无害化处理情况，并报市、县商务主管部门。

市、县商务主管部门应于每月 10 日前将《病害猪无害化处理统计月报表》报省级商务主管部门并抄送同级财政部门。

省级商务主管部门每季度第一个月 20 日前将上季度本行政区域内无害化处理情况报商务部，同时通报同级财政部门。

第十六条　每月 10 日前，生猪定点屠宰厂（场）或者提供病害猪的货主应填写《病害猪损失财政补贴申领表》，由市、县商务主管部门确认后转报同级财政部门。

每月 15 日前，负责无害化处理的生猪定点屠宰厂（场）应填写《病害猪无害化处理费用财政补贴申领表》，由市、县商务主管部门确认后转报同级财政部门。

第十七条　市、县财政部门根据同级商务部门确认情况及时审核拨付补贴资金，同时抄送同级商务主管部门。

第四章 监 督 管 理

第十八条 地方各级商务主管部门应对生猪定点屠宰厂（场）病害猪无害化处理过程定期进行监督检查。

地方各级财政部门应对生猪定点屠宰厂（场）病害猪无害化处理财政补贴资金使用情况定期进行监督检查。

第十九条 各级商务主管部门应建立无害化处理举报投诉制度，公布举报电话，按照《国务院关于加强食品等产品安全监督管理的特别规定》的要求受理并处理举报投诉。

第二十条 对病害猪检出率连续 3 个月超过 0.5% 或低于 0.2% 的地区，省级商务主管部门应当会同同级财政主管部门加强对该地区的监督检查。必要时，商务部和财政部组成联合检查组对该地区进行检查。

第二十一条 生猪定点屠宰厂（场）应指定专门的肉品品质检验人员和无害化处理人员负责无害化处理工作，并经商务主管部门培训合格。

第二十二条 生猪定点屠宰厂（场）应当如实记录无害化处理过程的相关信息，妥善保存无害化处理记录表。记录表至少应保存 5 年。

第五章 罚 则

第二十三条 生猪定点屠宰厂（场）不按规定配备病害猪及生猪产品无害化处理设施的，由商务主管部门按照《生猪屠宰管理条例》的规定责令限期改正；逾期仍不改正的，报请设区的市级人民政府取消其生猪定点屠宰资格。

第二十四条 生猪定点屠宰厂（场）未按本办法规定对病害猪进行无害化处理的，由商务主管部门按照《生猪屠宰管理条例》的规定责令限期改正，处 2 万元以上 5 万元以下的罚款；逾期不改正的，责令停业整顿，对其主要负责人处 5000 元以上 1 万元以下的罚款。

第二十五条 生猪定点屠宰厂（场）或者提供病害猪的货主虚报无害化处理数量的，由地方商务主管部门依法处以 3 万元以下的罚款；构成犯罪的，依法追究刑事责任。

第二十六条 生猪定点屠宰厂（场）肉品品质检验人员和无害化处理人员不按照操作规程操作、不履行职责、弄虚作假的，由商务主管部门处 500 元以上 5000 元以下罚款。

第二十七条 检疫人员不遵守国家有关规定、不履行职责、弄虚作假的，由商务主管部门通报相关管理部门依法处理。

第二十八条 商务主管部门和财政主管部门的工作人员在无害化处理监督管理工作中滥用职权、玩忽职守、徇私舞弊的，依法给予处分；构成犯罪的，依法追究刑事责任。

第六章 附 则

第二十九条 本办法由商务部、财政部负责解释。

第三十条 本办法自 2008 年 8 月 1 日起施行。

附录四 《非洲猪瘟疫情应急实施方案》（2020年第二版）

非洲猪瘟疫情属重大动物疫情，一旦发生，死亡率高，是我国生猪产业生产安全最大威胁。当前，我国非洲猪瘟防控取得了积极成效，但是病毒已在我国定殖并形成较大污染面，疫情发生风险依然较高。为扎实打好非洲猪瘟防控持久战，切实维护养猪业稳定健康发展，有效保障猪肉产品供给，依据《中华人民共和国动物防疫法》《中华人民共和国进出境动植物检疫法》《重大动物疫情应急条例》《国家突发重大动物疫情应急预案》等有关法律法规和规定，制定本方案。

一、疫情报告与确认

任何单位和个人，发现生猪、野猪出现疑似非洲猪瘟症状或异常死亡等情况，应立即向所在地畜牧兽医主管部门、动物卫生监督机构或动物疫病预防控制机构报告，有关单位接到报告后应立即按规定通报信息，按照"可疑疫情—疑似疫情—确诊疫情"的程序认定疫情。

（一）可疑疫情

县级以上动物疫病预防控制机构接到信息后，应立即指派两名中级以上技术职称人员到场，开展现场诊断和流行病学调查，符合《非洲猪瘟诊断规范》可疑病例标准的，应判定为可疑病例，并及时采样送检。

县级以上地方人民政府畜牧兽医主管部门应根据现场诊断结果和流行病学调查信息，认定可疑疫情。

（二）疑似疫情

可疑病例样品经县级以上动物疫病预防控制机构实验室或经认可的第三方实验室检出非洲猪瘟病毒核酸的，应判定为疑似病例。

县级以上地方人民政府畜牧兽医主管部门根据实验室检测结果和流行病学调查信息，认定疑似疫情。

（三）确诊疫情

疑似病例样品经省级动物疫病预防控制机构或省级人民政府畜牧兽医主管部门授权的地市级动物疫病预防控制机构实验室复检，检出非洲猪瘟病毒核酸的，应将疑似病例判定为确诊病例。

省级人民政府畜牧兽医主管部门根据确诊结果和流行病学调查信息，认定疫情；涉及两个以上关联省份的疫情，由农业农村部认定疫情。

相关单位在开展疫情报告、调查以及样品采集、送检、检测等工作时，应及时做好记录备查。确诊病例所在省份的动物疫病预防控制机构，应按疫情快报要求将有关信息逐级上报至中国动物疫病预防控制中心，并将样品和流行病学调查信息送中国动物卫生与流行病学中心。中国动物疫病预防控制中心按照程序向农业农村部报送疫情信息。

在生猪运输过程中发现的非洲猪瘟疫情，由疫情发现地负责报告、处置，计入生猪输出地。

农业农村部负责发布疫情信息，未经农业农村部授权，地方各级人民政府和各部门不得擅自发布疫情和排除疫情信息。

二、疫情响应

根据非洲猪瘟流行特点、危害程度和影响范围，将疫情应急响应分为四级。

（一）特别重大（Ⅰ级）疫情响应

21 天内多数省份发生疫情，且新发疫情持续增加、快速扩散，对生猪产业发展和经济社会运行构成严重威胁时，农业农村部根据疫情形势和风险评估结果，报请国务院启动Ⅰ级疫情响应，启动国家应急指挥机构；或经国务院授权，由农业农村部启动Ⅰ级疫情响应，并牵头启动多部门组成的应急指挥机构，各有关部门按照职责分工共同做好疫情防控工作。

启动Ⅰ级疫情响应后，农业农村部负责向社会发布疫情预警。县级以上地方人民政府应立即启动应急指挥机构，组织各部门依据职责分工共同做好疫情应对；实施防控工作每日报告制度，组织开展紧急流行病学调查和应急监测等工作；对发现的疫情及时采取应急处置措施。

（二）重大（Ⅱ级）疫情响应

21 天内 9 个以上省份发生疫情，且疫情有进一步扩散趋势时，应启动Ⅱ级疫情响应。

疫情所在地县级以上地方人民政府应立即启动应急指挥机构工作，组织各有关部门依据职责分工共同做好疫情应对；实施防控工作每日报告制度，组织开展紧急流行病学调查和应急监测工作；对发现的疫情及时采取应急处置措施。

农业农村部加强对全国疫情形势的研判，对发生疫情省份开展应急处置督导，根据需要派专家组指导处置疫情；向社会发布预警，并指导做好疫情应对。

（三）较大（Ⅲ级）疫情响应

21天内4个以上、9个以下省份发生疫情，或3个相邻省份发生疫情时，应启动Ⅲ级疫情响应。

疫情所在地的市、县人民政府应立即启动应急指挥机构，组织各有关部门依据职责分工共同做好疫情应对；实施防控工作每日报告制度，组织开展紧急流行病学调查和应急监测；对发现的疫情及时采取应急处置措施。疫情所在地的省级人民政府畜牧兽医主管部门对疫情发生地开展应急处置督导，及时组织专家提供技术支持；向本省有关地区、相关部门通报疫情信息，指导做好疫情应对。

农业农村部向相关省份发布预警。

（四）一般（Ⅳ级）疫情响应

21天内4个以下省份发生疫情的，应启动Ⅳ级疫情响应。

疫情所在地的县级人民政府应立即启动应急指挥机构，组织各有关部门依据职责分工共同做好疫情应对；实施防控工作每日报告制度，组织开展紧急流行病学调查和应急监测工作；对发现的疫情及时采取应急处置措施。

疫情所在地的市级人民政府畜牧兽医主管部门对疫情发生地开展应急处置督导，及时组织专家提供技术支持；向本市有关县区、相关部门通报疫情信息，指导做好疫情应对。

省级人民政府畜牧兽医主管部门应根据需要对疫情处置提供技术支持，并向相关地区发布预警信息。

（五）各地应急响应分级标准及响应措施的细化和调整

省级人民政府或应急指挥机构要结合辖区内工作实际，科学制定和细化应急响应分级标准和响应措施，并指导市、县两级逐级明确和落实。原则上，地方制定的应急响应分级标准和响应措施，要高于和严于国家制定的标准和措施。省级在调低响应级别前，省级畜牧兽医主管部门应将有关情况报农业农村部备案。

（六）国家层面应急响应级别调整

农业农村部根据疫情形势和防控实际，组织开展评估分析，及时提出调整响应级别或终止应急响应的建议或意见。由原启动响应机制的人民政府或应急指挥机构调整响应级别或终止应急响应。

三、应急处置

对发生可疑和疑似疫情的相关场点，所在地县级人民政府畜牧兽医主管部门和乡镇人民政府应立即组织采取隔离观察、采样检测、流行病学调查、限制易感动物及相关物品进出、环境消毒等措施。必要时可采取封锁、扑杀等措施。

疫情确认后，县级以上人民政府畜牧兽医主管部门应立即划定疫点、疫区和受威胁区，向本级人民政府提出启动相应级别应急响应的建议，由当地人民政府依法作出决定。

（一）疫点划定与处置

1. 疫点划定

对具备良好生物安全防护水平的规模养殖场，发病猪舍与其他猪舍有效隔离的，可以将发病猪舍作为疫点；发病猪舍与其他猪舍未能有效隔离的，以该猪场为疫点，或以发病猪舍及流行病学关联猪舍为疫点。

对其他养殖场（户），以病猪所在的养殖场（户）为疫点；如已出现或具有交叉污染风险，以病猪所在养殖小区、自然村或病猪所在养殖场（户）及流行病学关联场（户）为疫点。

对放养猪，以病猪活动场地为疫点。

在运输过程中发现疫情的，以运载病猪的车辆、船只、飞机等运载工具为疫点。

在牲畜交易和隔离场所发生疫情的，以该场所为疫点。

在屠宰过程中发生疫情的，以该屠宰加工场所（不含未受病毒污染的肉制品生产加工车间、冷库）为疫点。

2. 应采取的措施

县级人民政府应依法及时组织扑杀疫点内的所有生猪，并参照《病死及病害动物无害化处理技术规范》等相关规定，对所有病死猪、被扑杀猪及其产品，以及排泄物、餐厨废弃物、被污染或可能被污染的饲料和垫料、污水等进行无害化处理；按照《非洲猪瘟消毒规范》等相关要求，对被污染或可能被污染的人员、交通工具、用具、圈舍、场地等进行严格消毒，并强化灭蝇、灭鼠等媒介生物控制措施；禁止易感动物出入和相关产品调出。疫点为生猪屠宰场所的，还应暂停生猪屠宰等生产经营活动，并对流行病学关联车辆进行清洗消毒。运输途中发现疫情的，还应对运载工具实施暂扣，并进行彻底清洗消毒，不得劝返。

（二）疫区划定与处置

1. 疫区划定

对生猪生产经营场所发生的疫情，应根据当地天然屏障（如河流、山脉等)、人工屏障（道路、围栏等)、行政区划、生猪存栏密度和饲养条件、野猪分布等情况，综合评估后划定，一般是指由疫点边缘向外延伸 3 公里的区域。对运输途中发生的疫情，经流行病学调查和评估无扩散风险的，可以不划定疫区。

2. 应采取的措施

县级以上人民政府畜牧兽医主管部门报请本级人民政府对疫区实行封锁。当地人民政府依法发布封锁令，组织设立警示标志，设置临时检查消毒站，对出入的相关人员和车辆进行消毒；关闭生猪交易场所并进行彻底消毒；禁止生猪调入和未经检测的生猪及其产品调出疫区，经检测合格的出栏肥猪可经指定路线就近屠宰；监督指导养殖场户隔离观察存栏生猪，增加清洗消毒频次，并采取灭蝇、灭鼠等媒介生物控制措施。

疫区内的生猪屠宰加工场所，应暂停生猪屠宰活动，进行彻底清洗消毒，经当地畜牧兽医部门对其环境样品和生猪产品检测合格的，由疫情所在县的上一级畜牧兽医主管部门组织开展风险评估通过后可恢复生产；恢复生产后，经实验室检测、检疫合格的生猪产品，可在所在地县境内销售。

封锁期内，疫区内发现疫情或检出核酸阳性的，应参照疫点处置措施处置。经流行病学调查和风险评估，认为无疫情扩散风险的，可不再扩大疫区范围。

（三）受威胁区划定与处置

1. 受威胁区划定

受威胁区应根据当地天然屏障（如河流、山脉等)、人工屏障（道路、围栏等)、行政区划、生猪存栏密度和饲养条件、野猪分布等情况，综合评估后划定。没有野猪活动的地区，一般从疫区边缘向外延伸 10 千米；有野猪活动的地区，一般从疫区边缘向外延伸 50 千米。

2. 应采取的措施

所在地县级以上地方人民政府应及时关闭生猪交易场所。畜牧兽医部门应及时组织对生猪养殖场（户）全面排查，必要时采样检测，掌握疫情动态，强化防控措施。禁止调出未按规定实验室检测、检疫的生猪；经检测、检疫合格的出栏肥猪，可经指定路线就近屠宰；对具有独立法人资格、取得《动物防疫条件合格证》、按规定检测合格的养殖场（户)，其出栏肥猪可与本省符合条件的屠宰企业实行"点对点"调运，出售的种猪、商品仔猪（重量在 30 千克及以下且用于育肥的生猪）可在本省范围内调运。

受威胁区内的生猪屠宰加工场所，应彻底清洗消毒，在官方兽医监督下采样检测，检测合格且由疫情所在县的上一级畜牧兽医主管部门组织开展风险评估通过后，可继续生产。

封锁期内，受威胁区内发现疫情或检出核酸阳性的，应参照疫点处置措施处置。经流行病学调查和风险评估，认为无疫情扩散风险的，可不再扩大受威胁区范围。

（四）紧急流行病学调查

1. 初步调查

在疫点、疫区和受威胁区内搜索可疑病例，寻找首发病例，查明发病顺序；调查了解当地地理环境、易感动物养殖和野猪分布情况，分析疫情潜在扩散范围。

2. 追踪调查

对首发病例出现前 21 天内以及疫情发生后采取隔离措施前，从疫点输出的易感动物、风险物品、运载工具及密切接触人员进行追踪调查，对有流行病学关联的养殖、屠宰加工场所进行采样检测，评估疫情扩散风险。

3. 溯源调查

对首发病例出现前 21 天内，引入疫点的所有易感动物、风险物品、运输工具和人员进出情况等进行溯源调查，对有流行病学关联的相关场所、运载工具进行采样检测，分析疫情来源。

流行病学调查过程中发现异常情况的，应根据风险分析情况及时采取隔离观察、抽样检测等处置措施。

（五）应急监测

疫情所在县、市要立即组织对所有养殖场所开展应急排查，对重点区域、关键环节和异常死亡的生猪加大监测力度，及时发现疫情隐患。加大对生猪交易场所、屠宰加工场所、无害化处理场所的巡查力度，有针对性地开展监测。加大入境口岸、交通枢纽周边地区以及货物卸载区周边的监测力度。高度关注生猪、野猪的异常死亡情况，指导生猪养殖场（户）强化生物安全防护，避免饲养的生猪与野猪接触。应急监测中发现异常情况的，必须按规定立即采取隔离观察、抽样检测等处置措施。

（六）解除封锁和恢复生产

在各项应急措施落实到位并达到下列规定条件时，当地畜牧兽医主管部门向上一级畜牧兽医主管部门申请组织验收，合格后，向原发布封锁令的人民政府申请解除封锁，由该人民政府发布解除封锁令，并组织恢复生产。

1. 疫点为养殖场（户）的

应进行无害化处理的所有猪按规定处理后 21 天内，疫区、受威胁区未出现新发疫情；当地畜牧兽医部门对疫点和屠宰场所、市场等流行病学关联场点抽样检测合格。

解除封锁后，病猪或阳性猪所在场点需恢复生产的，应空栏 5 个月且环境抽样检测合格；或引入哨兵猪饲养，45 天内（期间不得调出）无疑似临床症状且检测合格的，方可恢复生产。

2. 疫点为生猪屠宰加工场所的

对屠宰加工场所主动排查报告的疫情，当地畜牧兽医主管部门对其环境样品和生猪产品检测合格后，48 小时内疫区、受威胁区无新发病例。对畜牧兽医部门排查发现的疫情，当地畜牧兽医主管部门对其环境样品和生猪产品检测合格后，21 天内疫区、受威胁区无新发病例。

封锁令解除后，生猪屠宰加工企业可恢复生产。对疫情发生前生产的生猪产品，经抽样检测合格后，方可销售或加工使用。

四、监测阳性的处置

在疫情防控检查、监测排查、流行病学调查和企业自检等活动中，检出非洲猪瘟核酸阳性，但样品来源地存栏生猪无疑似临床症状或无存栏生猪的，为监测阳性。

（一）养殖场（户）监测阳性

养殖场户自检发现阳性的，应当按规定及时报告，经县级以上动物疫病预防控制机构复核确认为阳性且生猪无异常死亡的，应扑杀阳性猪及其同群猪。对其余猪群，应隔离观察 21 天。隔离观察期满无异常且检测阴性的，可就近屠宰或继续饲养；隔离观察期内有异常且检测阳性的，按疫情处置。

对不按要求报告自检阳性或弄虚作假的，列为重点监控场户，其生猪出栏报检时要求加附第三方出具的非洲猪瘟检测报告。

（二）屠宰加工场所监测阳性

屠宰场所自检发现阳性的，应当按规定及时报告，暂停生猪屠宰活动，全面清洗消毒，对阳性产品进行无害化处理后，在官方兽医监督下采集环境样品和生猪产品送检，经县级以上动物疫病预防控制机构检测合格的，可恢复生产。该屠宰场所在暂停生猪屠宰活动前，尚有待宰生猪的，一般应予扑杀；如不扑杀，须进行隔离观察，隔离观察期内无异常且检测阴性的，可在恢复生产后继续屠宰；有异常且检测阳性的，按疫情处置。

畜牧兽医主管部门抽检发现阳性或在监管活动中发现屠宰场所不报告自检阳性的，应立即暂停该屠宰场所屠宰加工活动，扑杀所有待宰生猪并进行无害化处理。该屠宰场所全面落实清洗消毒、无害化处理等相关措施15天后，在官方兽医监督指导下采集环境样品和生猪产品送检，经县级以上动物疫病预防控制机构检测合格的，可恢复生产。

（三）其他环节的监测阳性

在生猪运输环节检出阳性的，扑杀同一运输工具上的所有生猪并就近无害化处理，对生猪运输工具进行彻底清洗消毒，追溯污染来源。

在饲料及其添加剂、生猪产品和制品中检出阳性的，应立即封存，经评估有疫情传播风险的，对封存的相关饲料及其添加剂、生猪产品和制品予以销毁。

在无害化处理场所检出阳性的，应彻底清洗消毒，查找发生原因，强化风险管控。

养殖、屠宰和运输环节发现阳性的，当地畜牧兽医主管部门应组织开展紧急流行病学调查，将监测阳性信息按快报要求逐级报送至中国动物疫病预防控制中心，将阳性样品和流行病学调查信息送中国动物卫生与流行病学中心。

五、善后处理

（一）落实生猪扑杀补助

对强制扑杀的生猪及人工饲养的野猪，符合补助规定的，按照有关规定给予补助，扑杀补助经费由中央财政和地方财政按比例承担。对运输环节发现的疫情，疫情处置由疫情发生地承担，扑杀补助费用由生猪输出地按规定承担。

（二）开展后期评估

应急响应结束后，疫情发生地人民政府畜牧兽医主管部门组织有关单位对应急处置情况进行系统总结，可结合体系效能评估，找出差距和改进措施，报告同级人民政府和上级畜牧兽医主管部门。较大（Ⅲ级）疫情的，应上报至省级畜牧兽医主管部门；重大（Ⅱ级）以上疫情的，应逐级上报至农业农村部。

（三）表彰奖励

县级以上人民政府及其部门对参加疫情应急处置作出贡献的先进集体和个人，进行表彰和及时奖励；对在疫情应急处置工作中英勇献身的人员，按有关规定追认为烈士。

（四）责任追究

在疫情处置过程中，发现生猪养殖、屠宰、经营、运输等生产经营者违反有关法律法规规章，以及国家工作人员有玩忽职守、失职、渎职等违法违纪行为的，依法、依规、依纪严肃追究当事人的责任。

（五）抚恤和补助

地方各级人民政府要组织有关部门对因参与应急处置工作致病、致残、死亡的人员，按照有关规定给予相应的补助和抚恤。

六、保障措施

各地政府加强对本地疫情防控工作的领导，强化联防联控机制建设，压实相关部门职责，建立重大动物疫情应急处置预备队伍，落实应急资金和物资，对非洲猪瘟疫情迅速作出反应、依法果断处置。

各地畜牧兽医主管部门要加强机构队伍和能力作风建设，做好非洲猪瘟防控宣传，建立疫情分片包村包场排查工作机制，强化重点场点和关键环节监测，提升疫情早期发现识别能力；强化养殖、屠宰、经营、运输、病死动物无害化处理等环节风险管控，严厉打击各类违法违规行为，推动落实生产经营者主体责任，切实化解疫情发生风险。

七、附则

（1）本方案有关数量的表述中，"以上"含本数，"以下"不含本数。

（2）针对供港澳生猪及其产品的防疫监管，涉及本方案中有关要求的，由农业农村部、海关总署另行商定。

（3）野猪发生疫情的，根据流行病学调查和风险评估结果，参照本方案采取相关处置措施，防止野猪疫情向家猪扩散。

（4）动物隔离场所、动物园、野生动物园、保种场、实验动物场所发生疫情的，应按本方案进行相应处置。必要时，可根据流行病学调查、实验室检测、风险评估结果，报请省级人民政府有关部门并经省级畜牧兽医主管部门同意，合理确定扑杀范围。

（5）本方案由农业农村部负责解释。

附件：1. 非洲猪瘟诊断规范
　　　2. 非洲猪瘟样品的采集、运输与保存要求
　　　3. 非洲猪瘟消毒规范

附件 1

非洲猪瘟诊断规范

一、流行病学

（一）传染源

感染非洲猪瘟病毒的家猪、野猪（包括病猪、康复猪和隐性感染猪）和钝缘软蜱等为主要传染源。

（二）传播途径

主要通过接触非洲猪瘟病毒感染猪或非洲猪瘟病毒污染物（餐厨废弃物、饲料、饮水、圈舍、垫草、衣物、用具、车辆等）传播，消化道和呼吸道是最主要的感染途径；也可经钝缘软蜱等媒介昆虫叮咬传播。

（三）易感动物

家猪和欧亚野猪高度易感，无明显的品种、日龄和性别差异。疣猪和薮猪虽可感染，但不表现明显临床症状。

（四）潜伏期

因毒株、宿主和感染途径的不同，潜伏期有所差异，一般为 5 至 19 天，最长可达 21 天。世界动物卫生组织《陆生动物卫生法典》将潜伏期定为 15 天。

（五）发病率和病死率

不同毒株致病性有所差异，强毒力毒株可导致感染猪在 12 至 14 天内 100%死亡，中等毒力毒株造成的病死率一般为 30%至 50%，低毒力毒株仅引起少量猪死亡。

（六）季节性

该病季节性不明显。

二、临床表现

（1）最急性　无明显临床症状突然死亡。

（2）急性　体温可高达42℃，沉郁，厌食，耳、四肢、腹部皮肤有出血点，可视黏膜潮红、发绀。眼、鼻有黏液脓性分泌物；呕吐；便秘，粪便表面有血液和黏液覆盖；腹泻，粪便带血。共济失调或步态僵直，呼吸困难，病程延长则出现其他神经症状。妊娠母猪流产。病死率可达100%。病程4至10天。

（3）亚急性　症状与急性相同，但病情较轻，病死率较低。体温波动无规律，一般高于40.5℃。仔猪病死率较高。病程5至30天。

（4）慢性　波状热，呼吸困难，湿咳。消瘦或发育迟缓，体弱，毛色暗淡。关节肿胀，皮肤溃疡。死亡率低。病程2至15个月。

三、病理变化

典型的病理变化包括浆膜表面充血、出血，肾脏、肺脏表面有出血点，心内膜和心外膜有大量出血点，胃、肠道黏膜弥漫性出血；胆囊、膀胱出血；肺脏肿大，切面流出泡沫性液体，气管内有血性泡沫样黏液；脾脏肿大，易碎，呈暗红色至黑色，表面有出血点，边缘钝圆，有时出现边缘梗死。颌下淋巴结、腹腔淋巴结肿大，严重出血。

最急性型的个体可能不出现明显的病理变化。

四、实验室鉴别诊断

非洲猪瘟临床症状与古典猪瘟、高致病性猪蓝耳病、猪丹毒等疫病相似，必须通过实验室检测进行鉴别诊断。

（一）样品的采集、运输和保存（附件2）

（二）抗体检测

抗体检测可采用间接酶联免疫吸附试验、阻断酶联免疫吸附试验和间接荧光抗体试验等方法。

（三）病原学检测

（1）病原学快速检测　可采用双抗体夹心酶联免疫吸附试验、聚合酶链式反应或实时荧光聚合酶链式反应等方法。

（2）病毒分离鉴定　可采用细胞培养等方法。从事非洲猪瘟病毒分离鉴定工作，必须经农业农村部批准。

五、结果判定

（一）可疑病例

猪群符合下述流行病学、临床症状、剖检病变标准之一的，判定为可疑病例。

1. 流行病学标准

（1）已经按照程序规范免疫猪瘟、高致病性猪蓝耳病等疫苗，但猪群发病率、病死率依然超出正常范围；

（2）饲喂餐厨废弃物的猪群，出现高发病率、高病死率；

（3）调入猪群、更换饲料、外来人员和车辆进入猪场、畜主和饲养人员购买生猪产品等可能风险事件发生后，15天内出现高发病率、高死亡率；

（4）野外放养有可能接触垃圾的猪出现发病或死亡。

符合上述4条之一的，判定为符合流行病学标准。

2. 临床症状标准

（1）发病率、病死率超出正常范围或无前兆突然死亡；

（2）皮肤发红或发紫；

（3）出现高热或结膜炎症状；

（4）出现腹泻或呕吐症状；

（5）出现神经症状。

符合第（1）条，且符合其他条之一的，判定为符合临床症状标准。

3. 剖检病变标准

（1）脾脏异常肿大；

（2）脾脏有出血性梗死；

（3）下颌淋巴结出血；

（4）腹腔淋巴结出血。

符合上述任何一条的，判定为符合剖检病变标准。

（二）疑似病例

对临床可疑病例，经县级或地市级动物疫病预防控制机构实验室检测为阳性的，判定为疑似病例。

（三）确诊病例

对疑似病例，按有关要求经省级动物疫病预防控制机构实验室复核，结果为阳性的，判定为确诊病例。

附件 2

非洲猪瘟样品的采集、运输与保存要求

可采集发病动物或同群动物的血清样品和病原学样品，病原学样品主要包括抗凝血、脾脏、扁桃体、淋巴结、肾脏和骨髓等。如环境中存在钝缘软蜱，也应一并采集。

样品的包装和运输应符合农业农村部《高致病性动物病原微生物菌（毒）种或者样本运输包装规范》等规定。规范填写采样登记表，采集的样品应在冷藏密封状态下运输到相关实验室。

一、血清样品

无菌采集 5mL 血液样品，室温放置 12 至 24h，收集血清，冷藏运输。到达检测实验室后，冷冻保存。

二、病原学样品

（一）抗凝血样品

无菌采集 5mL 乙二胺四乙酸抗凝血，冷藏运输。到达检测实验室后，-70℃冷冻保存。

（二）组织样品

首选脾脏，其次为扁桃体、淋巴结、肾脏、骨髓等，冷藏运输。样品到达检测实验室后，-70℃保存。

（三）钝缘软蜱

将收集的钝缘软蜱放入有螺旋盖的样品瓶/管中，放入少量土壤，盖内衬以纱布，常温保存运输。到达检测实验室后，-70℃冷冻保存或置于液氮中；如仅对样品进行形态学观察，可以放入 100%酒精中保存。

附件 3

非洲猪瘟消毒规范

一、消毒产品推荐种类与应用范围

	应用范围	推荐种类
道路、车辆	生产线道路、疫区及疫点道路	氢氧化钠（火碱）、氢氧化钙（生石灰）
	车辆及运输工具	酚类、戊二醛类、季铵盐类、复方含碘类（碘、磷酸、硫酸复合物）
	大门口及更衣室消毒池、脚踏垫	氢氧化钠
生产、加工区	畜舍建筑物、围栏、木质结构、水泥表面、地面	氢氧化钠、酚类、戊二醛类、二氧化氯类
	生产、加工设备及器具	季铵盐类、复方含碘类（碘、磷酸、硫酸复合物）、过硫酸氢钾类
	环境及空气消毒	过硫酸氢钾类、二氧化氯类
	饮水消毒	季铵盐类、过硫酸氢钾类、二氧化氯类、含氯类
	人员皮肤消毒	含碘类
	衣、帽、鞋等可能被污染的物品	过硫酸氢钾类
办公、生活区	疫区范围内办公、饲养人员宿舍、公共食堂等场所	二氧化氯类、过硫酸氢钾类、含氯类
人员、衣物	隔离服、胶鞋等，进出	过硫酸氢钾类

注：①氢氧化钠、氢氧化钙消毒剂，可采用 1% 工作浓度；②戊二醛类、季铵盐类、酚类、二氧化氯类消毒剂，可参考说明书标明的工作浓度使用，饮水消毒工作浓度除外；③含碘类、含氯类、过硫酸氢钾类消毒剂，可参考说明书标明的高工作浓度使用。

二、场地及设施设备消毒

（一）消毒前准备

（1）消毒前必须清除有机物、污物、粪便、饲料、垫料等。

（2）选择合适的消毒产品。

（3）备有喷雾器、火焰喷射枪、消毒车辆、消毒防护用具（如口罩、手套、防护靴等)、消毒容器等。

（二）消毒方法

（1）对金属设施设备，可采用火焰、熏蒸和冲洗等方式消毒。

（2）对圈舍、车辆、屠宰加工、贮藏等场所，可采用消毒液清洗、喷洒等方式消毒。

（3）对养殖场（户）的饲料、垫料，可采用堆积发酵或焚烧等方式处理，对粪便等污物，作化学处理后采用深埋、堆积发酵或焚烧等方式处理。

（4）对疫区范围内办公、饲养人员的宿舍、公共食堂等场所，可采用喷洒方式消毒。

（5）对消毒产生的污水应进行无害化处理。

（三）人员及物品消毒

（1）饲养管理人员可采取淋浴消毒。

（2）对衣、帽、鞋等可能被污染的物品，可采取消毒液浸泡、高压灭菌等方式消毒。

（四）消毒频率

疫点每天消毒 3 至 5 次，连续 7 天，之后每天消毒 1 次，持续消毒 15 天；疫区临时消毒站做好出入车辆人员消毒工作，直至解除。

参 考 文 献

［1］张彪，李廷君．后备种猪的选择与饲养管理［J］．现代畜牧科技，2010（5）：12.

［2］刘建忠．规模化猪场后备母猪的驯化管理［J］．当代畜牧，2017（2）：60.

［3］贾虹杨．种猪的利用与淘汰［J］．现代畜牧科技，2013（9）：59.

［4］许美解，李刚．动物繁殖技术［M］．北京：化学工业出版社，2009.

［5］李立山．猪生产［M］．北京：中国农业出版社，2011.

［6］王燕丽，李军．猪生产［M］．北京：化学工业出版社，2009.

［7］朱宽佑，潘琦．养猪生产［M］．北京：中国农业大学出版社，2007.

［8］尹洛蓉．生猪标准化养殖技术［M］．成都：西南交通大学出版社，2016.

［9］蒋宏伟．现代生猪养殖与疾病防治技术［M］．咸阳：西北农林科技大学出版社，2017.

［10］吴学军．猪生产技术［M］．北京：北京师范大学出版社，2011.

［11］冯志娟．分娩母猪的饲养及管理技术［J］．畜牧兽医科技信息，2018（12）：116-117.

［12］魏志鹏，蒋锡文．分娩母猪护理要点［J］．广西畜牧兽医，2018，34（6）：302-305.

［13］刘冬梅．分娩母猪接产的精细化操作技术［J］．江西饲料，2018（4）：29-30.

［14］蔡真真．哺乳期母猪的饲养管理［J］．今日养猪业，2018（4）：86-87.

［15］李士斌．哺乳母猪的饲养和管理［J］．现代畜牧科技，2018（7）：54.

［16］牛长波，杨波，刘飞．影响哺乳母猪泌乳量因素及提高措施［J］．中国畜禽种业，2018，14（2）：77.

［17］王晓光．哺乳母猪的饲养和管理要点［J］．现代畜牧科技，2017（6）：30.

［18］王春梅．泌乳母猪的营养需要分析［J］．畜牧兽医科技信息，2017（4）：127.

［19］夏道伦．规模养猪场母猪产后的四大保健护理措施［J］．广东饲料，

2017, 26 (1): 46-49.

　　[20] 赵爱芬. 难产母猪的临床助产技术 [J]. 当代畜牧, 2016 (30): 18-19.

　　[21] 隋韶辉. 泌乳母猪的饲养管理 [J]. 畜牧兽医科技信息, 2016 (5): 84-85.

　　[22] 李大秋. 规模化猪场母猪产后护理关键技术 [J]. 猪业科学, 2016, 33 (1): 120.

　　[23] 张理超. 分娩母猪的实用助产技术 [J]. 中国畜禽种业, 2014, 10 (5): 66.

　　[24] 洪学. 临产母猪的饲养管理与产前观察 [N]. 中国畜牧兽医报, 2013-05-19 (8).

　　[25] 胡成波. 泌乳母猪的营养需要与饲料配制技术 [J]. 科学种养, 2012 (11): 43-44.

　　[26] 郭长义. 泌乳母猪营养策略 [J]. 猪业科学, 2012, 29 (8): 42.

　　[27] 王滇. 浅谈母猪产后的饲养管理和常见病的防治 [J]. 猪业科学, 2010, 27 (7): 96-97.

　　[28] 王彩红. 假死仔猪急救十法 [J]. 经验交流, 2011 (2): 54.

　　[29] 徐英, 毕胜, 王化山. 新生仔猪假死的急救与预防 [J]. 中国畜牧兽医文摘, 2015, 31 (4): 165.

　　[30] 周艳琴. 产房仔猪护理的几个关键词 [J]. 猪业科技, 2017 (2): 52-53.

　　[31] 刘鸣雁. 猪补铁的原理与铁制剂的应用 [J]. 畜禽饲养, 2011 (7): 51.

　　[32] 刘兵. 仔猪补铁技术措施 [J]. 中国畜牧兽医文摘, 2017, 33 (8): 225.

　　[33] 朱文录. 猪去势技术 [J]. 畜牧兽医杂志, 2016, 35 (3): 146-148.

　　[34] 尤丽新. 猪去势术几种失误及原因 [J]. 黑龙江畜牧兽医, 2001 (5): 43.

　　[35] 邹本革, 于蕾妍, 侯春霞. 猪去势技术 [J]. 现代农业科技, 2011 (2): 343; 348.

　　[36] 许英. 公猪早期去势的优点 [J]. 吉林畜牧兽医, 2017 (12): 37-38.

　　[37] 梁中华. 几种常见僵猪的治疗方法 [J]. 广东饲料, 2017, 26 (8): 42-43.

　　[38] 欧阳文焕, 张永超. 哺乳仔猪补饲技术初探 [J]. 饲料研究, 2004 (2): 46-50.

［39］王利梅．仔猪防疫与保健措施［J］．农家科技，2017（10）：158.

［40］王奎．仔猪断奶综合征病因及防治措施［J］．中国畜禽种业，2018（1）：79.

［41］王治安．仔猪常见疾病的防治［J］．疫病防治，2016，46（11）：46-47.

［42］罗龙兴．信息化、理实一体化教学在"种猪耳号编制技术"课堂中的应用［J］．教育信息，2015（5）：108；147.

［43］沈洪欢，王希斌．种猪场内猪耳号的管理措施［J］．中国畜牧兽医文摘，2016，32（1）：90；146.

［44］杨公社．猪生产学［M］．北京：中国农业出版社，2002.

［45］李和国，关红民．养猪生产技术［M］．北京：中国农业大学出版社，2014.

［46］李立山．猪生产［M］．北京：中国农业大学出版社，2011.